Die Volksernährung

Veröffentlichungen aus dem Tätigkeitsbereiche des
Reichsministeriums für Ernährung und Landwirtschaft
Herausgegeben unter Mitwirkung des
Reichsausschusses für Ernährungsforschung

6. Heft

Was haben wir bei unserer Ernährung im Haushalt zu beachten?

Von

Professor Dr. **A. Juckenack**

Gehelmer Reglerungsrat, Ministerialrat Im Preuß.
Ministerium für Volkswohlfahrt, Direktor der Staatl.
Nahrungsmittel - Untersuchungsanstalt Berlin
Hon.-Professor a. d. Techn. Hochschule Berlin

Dritte, umgearbeitete Auflage
(11.–15. Tausend)

Berlin
Verlag von Julius Springer
1924

ISBN 978-3-642-47201-5   ISBN 978-3-642-47544-3 (eBook)
DOI 10.1007/978-3-642-47544-3

Geleitwort.

Was der Krieg alle gelehrt hat, die nicht unbelehrbar sind, hat der rechtlose Einbruch der Franzosen und Belgier in deutsches Gebiet bestätigt: Wir sind für die Ernährung unseres Volkes auf unsere eigene Schaffenskraft angewiesen. An der Spitze jeder Erörterung über Ernährungsfragen muß deshalb die Forderung nach größtmöglicher Steigerung der landwirtschaftlichen Erzeugung stehen. Die im Gang befindlichen Versuche, aus unbeschränkt zur Verfügung stehenden Rohstoffen auf chemischem oder biologischem Wege Nahrungsmittel herzustellen, sollen gewiß nicht vernachlässigt, können aber noch in keine Rechnung eingestellt werden. Bleibt so die Steigerung der landwirtschaftlichen Erzeugung und die Unterstützung aller Hilfsmittel hierzu die wichtigste Aufgabe, so schließt sich nach der Reihenfolge des Geschehens als zweite Aufgabe an, die Früchte des Bodens oder der Tierzucht, verarbeitet oder unverarbeitet, unter höchster Ausnutzung ihres Nährwertes an den Verbraucher zu bringen. Die dritte Aufgabe aber, die zweckmäßige Regelung der Ernährung selbst, ist nicht minder wichtig; sie ist die eigenste Angelegenheit jedes Verbrauchers, besonders aber ruht sie mit all ihrer volkswirtschaftlichen Bedeutung in der Hand der deutschen Hausfrau als Hüterin der wichtigsten Verbraucherzelle, der Familie.

Vor dem Kriege hat sich das tägliche Leben über die Fragen der Verbraucherwirtschaft nicht viel Gedanken gemacht. Dann hat der Krieg mit seiner Verknappung aller Nahrungsmittel die wissenschaftliche Forschung, die besonders die Kalorienlehre und die Lehre von den Eiweißstoffen ausgebildet hatte, zu praktischer Auswirkung geführt. Diese praktische Auswirkung hat dann wieder die Wissenschaft befruchtet, und heute stehen wir, namentlich durch die Berücksichtigung der sogenannten Vitamine, auf einer neuen Stufe der Ernährungswissenschaft. Im eigentlich wissenschaftlichen Sinne ist noch vieles völlig ungeklärt. Die praktischen Ergebnisse aber sind so, daß die Stunde gekommen erscheint, um den Verbraucher, voran die Hausfrau, mit ihnen bekannt zu machen.

Deshalb übergebe ich hiermit aus der Schriftensammlung des Reichsministeriums für Ernährung und Landwirtschaft „Die Volksernährung" die neueste Schrift des Herrn Geheimen Regierungsrats Prof. Dr. A. Juckenack „Was haben wir bei unserer Ernährung im Haushalt zu beachten" der Öffentlichkeit. Möge die kleine Schrift ein Baustein sein zur Wiedererrichtung eines wohnlichen Heimes für das ganze deutsche Volk!

Berlin, den 15. Februar 1923.

Der Reichsminister
für Ernährung und Landwirtschaft.

Dr. Luther.

Vorwort zur ersten Auflage.

Infolge der ungeheueren wirtschaftlichen Not, der bereits zahlreiche Menschenleben zum Opfer gefallen sind, und die die breitesten Schichten unseres Volkes dazu zwingt, sich nur noch ganz notdürftig zu ernähren, hat das Interesse für Lebensmittelfragen, insbesondere für die Beschaffenheit, den Nährwert und die zweckmäßigste Verwendung unserer Lebensmittel, naturgemäß ständig zugenommen. Früher, als uns ein Überfluß an Lebensmitteln zur Verfügung stand, und es zugleich die Wirtschaftslage unseres Volkes gestattete, sich ausreichend jedenfalls mit den allernotwendigsten Nahrungsmitteln zu versorgen, beschäftigten die hier zu erörternden Fragen die Allgemeinheit nur wenig. Infolgedessen herrschten und herrschen auch jetzt noch in der Bevölkerung über wichtige Ernährungsfragen vielfach ganz unklare und unzutreffende Vorstellungen. Je ärmer aber ein Volk wird, um so mehr muß es versuchen, die vorhandenen Lebensmittel möglichst restlos für seine Ernährung auszunutzen.

Der Zweck der vorliegenden Arbeit ist der, in der Form eines kleinen Leitfadens weite Kreise, insbesondere die Hausfrauen, dazu anzuregen, bei der Auswahl und der Zubereitung von Lebensmitteln mehr als bisher darüber nachzudenken, was bei der Ernährung eine Rolle spielt, und was im Hause allgemein Beachtung verdient.

Der gegenwärtige Preis für Papier und Druckkosten zwingt dazu, nur in kurzen Abrissen eine kleine Übersicht zu geben. Es ist daher versucht worden, in der Form von Frage und Antwort wesentliche Gesichtspunkte zur Sprache zu bringen, also nicht etwa ein kleines Lehrbuch oder gar ein Kochbuch zu schreiben.

Sollte dieser Leitfaden weiten Kreisen willkommen sein, so würde ich Anregungen für seine künftige Ausgestaltung, also für spätere Auflagen, dankbar begrüßen.

Berlin-Charlottenburg, Silvester 1922/1923.

A. Juckenack.

Vorwort zur zweiten Auflage.

Obwohl die erste Auflage des Leitfadens erst Ostern dieses Jahres erschienen ist und 6000 Stück umfaßt hat, ist sie jetzt bereits vergriffen. Die Ansicht des Herrn Reichsministers für Ernährung und Landwirtschaft, daß unter den gegenwärtigen und noch zu erwartenden wirtschaftlichen Verhältnissen ein ganz besonderes Interesse für Lebensmittelfragen vorhanden sei, war demnach zutreffend. Allen, die mein Bestreben, weite Kreise, insbesondere die Hausfrauen, dazu anzuregen, über wichtige Lebensmittelfragen mehr als früher nachzudenken, wohlwollend beurteilt haben, namentlich zahlreichen Mitgliedern des Reichstags und des Preußischen Landtags, der in Betracht kommenden Behörden, der Vertretungen der Verbraucher sowie der Lebensmittelindustrie, des -Handels und der Presse verfehle ich nicht, verbindlichst zu danken. Es freut mich, daß es mir gelungen zu sein scheint, der deutschen Hausfrau auf manche für sie wichtige Frage eine befriedigende Antwort zu geben. Dabei bin ich mir selbstverständlich bewußt, daß nichts vollkommen ist, also auch diesem Leitfaden Mängel anhaften. Daher habe ich die erste Auflage einer Durchsicht unterzogen und mich hierbei bemüht, meine früheren Ausführungen teils wesentlich zu ergänzen, teils umzuarbeiten. Neu ist z. B. die Behandlung folgender Fragen: „Welche Bedeutung hat das Wasser für den menschlichen Körper?“, „Was heißt Bromatik?“, „Welche Temperaturen sollen unsere Lebensmittel beim Genuß haben?“, „Wie viele Mahlzeiten sind täglich für Kinder und Erwachsene zweckmäßig?“, „Welche Anforderungen werden an eine richtige Ernährung gestellt?“, „Wie erhält man Milch im Haushalt möglichst lange frisch?“, „Warum sollte man rohes Fleisch nicht ohne weiteres genießen?“, „Was versteht man unter Fleischvergiftung?“, „Ist Gefrierfleisch geringwertiger als frisches Fleisch?“, „Empfiehlt es sich, Pilze zu trocknen?“, „Wie erkennt man giftige und ungiftige Pilze?“, „Wie werden Eier am besten und einfachsten im Haushalt konserviert?“, „Wie und worauf wird Hafer für die menschliche Ernährung verarbeitet?“, „Was sind Rangoonbohnen (Mondbohnen)? Sind sie für die menschliche Ernährung geeignet?“, „Was ist Rübenkraut (Rübensaft, Rübensirup) und Speisesirup?“, „Wie behandelt man die durch Frost beschädigten Kartoffeln?“, „Welche wildwachsenden Pflanzen eignen sich vornehmlich zur

Herstellung von Gemüse und Salat?", „Was ist Essig, was Essigessenz?", „Welchen Anforderungen muß Trinkwasser und Gebrauchswasser genügen?", „Welche Vorteile bietet der Hausfrau die Kochkiste?" Weiter ist, wiederholt geäußerten Anregungen entsprechend, der Schrift am Schluß ein Sachverzeichnis beigefügt worden, das ihre Benutzung wesentlich erleichtern dürfte.

Möge die kleine Schrift weiter anregend und belehrend wirken sowie die Volksernährung und damit zugleich die Volksgesundheit fördern! Anregungen für eine weitere Ausgestaltung des Leitfadens würde ich nach wie vor dankbar begrüßen.

Berlin-Charlottenburg, im September 1923.

A. Juckenack.

Vorwort zur dritten Auflage.

Wieder wurde in wenigen Monaten eine neue Auflage erforderlich, obwohl die beiden ersten Auflagen zusammen 10 000 Stück umfaßten. Die nunmehr vorliegende dritte Auflage enthält neben verschiedenen Änderungen und Ergänzungen des bisherigen Textes Antworten auf die folgenden weiteren Fragen: „Welches Brot sollte man essen?", „Wie kommen Solaninvergiftungen zustande?", „Wie ist die Banane als Lebensmittel zu bewerten?", „Warum sollte man gemahlene Gewürze nicht in kleinen Papierbeutelpackungen kaufen?", „Welche Bedeutung hat der Eisschrank für den Haushalt?", „Worauf ist beim Küchengeschirr zu achten?", „Was ist bei der Ernährung des Säuglings und des Kleinkindes zu beachten?".

Die Beantwortung der letztgenannten Frage verdanke ich einem hervorragenden Fachmann auf diesem Gebiete, dem Direktor des Kaiserin Auguste Viktoria-Hauses, der Reichsanstalt zur Bekämpfung der Säuglings- und Kleinkindersterblichkeit in Berlin-Charlottenburg, Herrn Prof. Dr. L. Langstein. Seine Ausführungen dürften besonders von den Müttern kleiner Kinder als sehr wertvolle Ergänzung meiner für den Haushalt bestimmten Schrift begrüßt werden.

Berlin-Charlottenburg, Pfingsten 1924.

A. Juckenack.

Inhaltsverzeichnis.

1. **Was heißt „Lebensmittel"?** Um leben, um ständig den
mit dem Lebensprozeß zusammenhängenden Verlust an Körpersubstanz ausgleichen sowie die erforderlichen Wärme- und Energiemengen beschaffen zu können, brauchen wir **Lebensmittel,** d. h.
Nahrungsmittel und solche **Genußmittel,** die in unmittelbarer
Beziehung zur Ernährung stehen. Die Nahrungsmittel enthalten
wechselnde Mengen verschiedener **Nährstoffe.** Kein Nährstoff,
auch kein Nahrungsmittel vermag allein auf die Dauer den
Menschen zu ernähren, nicht einmal die Milch, wenn das Kind
dem Säuglingsalter entwachsen ist. Infolgedessen muß unsere
Nahrung, die wir in Form von **Speisen** und **Getränken** zu
uns nehmen, aus recht verschiedenen Lebensmitteln zusammengesetzt sein. Die Zubereitung der Lebensmittel erfolgt teils in
der Küche, teils in gewerblichen Betrieben verschiedenster Art
(in Bäckereien, Metzgereien, Meiereien, Käsereien, Margarine-,
Konserven-, Wurst-, Mineralwasser- sowie anderen Fabriken und
Werkstätten). Bei der Ernährung des Tieres spricht man hingegen von **Futter** und **Futtermitteln.** Zahlreiche Nahrungsmittel
finden auch als Futtermittel Verwendung (z. B. Kartoffeln, Getreide und Getreidemehl, verschiedene Rüben und grüne Gemüse).
Aus verschiedenen Nahrungs- und Futtermitteln werden Nährstoffe technisch herausgeholt, um sie als solche dem Menschen
zugänglich zu machen (z. B. Rübenzucker, Milchzucker, Weizen-,
Kartoffel- und Maisstärke, Quark und Öle). Zum Teil werden
auch Nahrungs- und Futtermittel auf zwar mehr oder weniger
beliebte, jedoch für die menschliche Ernährung entbehrliche
Genußmittel, wie z. B. Trinkbranntwein und Bier, verarbeitet.
Die Masse der Lebensmittel ist pflanzlichen oder tierischen Ursprunges; dem Mineralreich entstammt z. B. das Kochsalz in
Form von Siede- und Steinsalz sowie das doppeltkohlensaure

Natrium (als Bestandteil von Backpulvern); verschiedene Lebensmittel lassen sich chemisch aus solchen Rohstoffen herstellen, die weder für die menschliche noch für die tierische Ernährung in Frage kommen (z. B. künstliche Süßstoffe — Saccharin und Dulcin —, Vanillin, künstliches Bittermandelöl, Essigsäure, Essigessenz und somit auch ein Teil des Speiseessigs, Alkohol usw.). Nach dieser Richtung sind im Interesse der Volksernährung noch große Probleme zu lösen.

2. Was heißt „Nahrungsmittel"? Sowohl in unseren Gesetzen als auch im täglichen Leben versteht man hierunter alle Gegenstände, die der Ernährung des menschlichen Körpers dienen, und zwar einerlei, ob sie ohne weiteres genossen werden können, oder ob sie zunächst irgendeiner gewerblichen oder küchenmäßigen Zubereitung bedürfen, oder ob sie nur in Verbindung mit anderen Stoffen in irgendwelchen Speisen zum Genuß gelangen. Der Begriff „Nahrungsmittel" hat also zur Voraussetzung, daß ein Gegenstand einen Nährwert hat.

3. Was heißt „Genußmittel"? Genußmittel im weiten Sinne des Wortes — auch im Sinne der zum Schutze der Verbraucher erlassenen Lebensmittelgesetze — sind alle Gegenstände, die entweder keinen oder nur einen praktisch belanglosen Nährwert haben, die jedoch der Mensch deswegen seinem Körper zuführt, um bestimmte Wirkungen auf die Geschmacks- und Geruchsnerven, die Magen- und Darmtätigkeit, das Gehirn, das Herz usw. zu erzielen. Es gehören daher hierhin u. a. die Mineralwässer, Gewürze (Pfeffer, Zimt, Vanille usw.), die künstlichen Süßstoffe, Vanillin, Kaffee und Kaffee-Ersatz, Tee und Tee-Ersatz, Fleischextrakt, Suppenwürze, Wein, Bier, Trinkbranntwein und Tabak. Eine Grenze zwischen Nahrungs- und Genußmitteln ist nicht immer scharf zu ziehen. Zum Beispiel gehen beim Aufbrühen von Kakaopulver dessen Nährstoffe in das Getränk über, hingegen enthalten Kaffee- und Kornkaffeegetränke keine wesentlichen Nährstoffmengen. Tee ist frei von Nährstoffen. Bereitet man Kakao, Kaffee und Tee mit Zucker und Milch zu, so erhält man Getränke mit entsprechend höherem Nährwert. Schokolade in fester Form ist sogar sehr reich an wichtigen Nährstoffen. Auch die Fruchtsirupe (mit Zucker eingekochten natürlichen Fruchtsäfte) sowie die daraus hergestellten natürlichen Fruchtlimonaden, weiter auch die mit Zucker gesüßten künstlichen Limonaden, die im gewerblichen Verkehr mit Limonaden jetzt fast ausschließlich vertrieben

werden, weisen einen ihrem Zuckergehalt entsprechenden Nährwert auf. Süßweine sind wegen ihres Gehaltes an unvergorenem
Zucker anders wie herbe Weine zu beurteilen. Saccharin und
Dulcin haben keinen Nährwert. Dem Alkohol ist ein gewisser
Nährwert nicht abzusprechen, da er, sofern er in mäßigen Mengen
genossen wird, im Körper verbrannt — bis zu Kohlensäure oxy-
diert — wird und hierbei — ebenso wie z. B. Fett und Zucker —
Wärme liefert. Aber im Gegensatz zu den wirklichen Nährstoffen
übt der Alkohol zugleich Wirkungen auf das Gehirn und auf
andere Organe aus. Es sollten daher alkoholhaltige Getränke aller
Art, auch likörhaltiges Konfekt und Punschtorten, grundsätzlich
nicht Kindern gegeben werden, während Wein- und Biersuppen
für Kinder unbedenklich sind, da bei ihrer Zubereitung die geringen Alkoholmengen fast vollständig verdunsten. Lediglich
Genußzwecken dient z. B. Tabak in jeder Form. Er gehört also
nicht zu den ali mentären, also nicht zu jenen Genußmitteln,
die in irgendeiner Beziehung, sei es unmittelbar, sei es mittelbar,
zur Ernährung stehen. Nicht mehr zu den Genußmitteln gehören
narkotisch wirkende Stoffe, die mißbräuchlich von gewissen
Personen zu Genußzwecken Verwendung finden, wie z. B. Opium,
Morphin, Kokain und Äther. Vor dem Gebrauch derartiger
Stoffe kann nicht eindringlich genug gewarnt werden, weil sie
die Gesundheit sehr schnell zu zerstören vermögen. Schon die
gemeingefährlichen Folgen des leichtfertigen übermäßigen Alkohol-
genusses sind allgemein bekannt. Die harmlosesten und bekömm-
lichsten Getränke sind gute natürliche und künstliche Mineralwässer, weiter Gemische aus natürlichen gezuckerten Fruchtsäften (Fruchtsirupen) und Wasser oder kohlensaurem Wasser
sowie einwandfreie künstliche Limonaden; als Heißgetränke:
Zubereitungen von guten Brühwürfeln (s. Nr. 68) und gutem
Kaffee-Ersatz.

4. Welche Stoffe sind „Nährstoffe"? Die für den Menschen
wesentlichsten Bestandteile unserer Nahrungsmittel sind, abgesehen vom Wasser (s. Nr. 10):

    a) die **Proteine**, die nach dem „Weißen des Eis" (dem Eiklar)
        gewöhnlich **Eiweißstoffe** genannt werden;
    b) die **Fette**;
    c) die **Kohlenhydrate**;
    d) die **Mineralstoffe**;
    e) die **Vitamine**.

Die Angehörigen dieser Gruppen von Körpern sind die wichtigsten Nährstoffe (s. Nr. 5—9). Außer diesen Stoffen gibt es aber noch zahlreiche andere, die vom Körper ausgenutzt werden (z. B. Fruchtsäuren im Obst, Milchsäure in saurer Milch und im Sauerkraut), jedoch spielen diese Körper als Nahrungsmittel keine wesentliche Rolle, obwohl sie aus anderen Gründen in der Nahrung von Bedeutung sind.

5. **Was versteht man unter Proteinen oder Eiweißstoffen?** Das Wort „Protein" ist der griechischen Sprache entlehnt und bringt zum Ausdruck, daß diese Nährstoffgruppe ihrer Bedeutung für das organische Leben entsprechend den ersten Platz einnimmt. Im Gegensatz zu den Fetten (Nr. 6) und Kohlenhydraten (Nr. 7) enthalten die Proteine in ihren Molekülen neben Kohlenstoff, Wasserstoff und Sauerstoff ausnahmslos erhebliche Mengen Stickstoff sowie auch Schwefel, einzelne außerdem noch Phosphor oder andere Elemente. Daher können Fette und Kohlenhydrate die Proteine in der Nahrung nicht ersetzen; es kann jedoch eine reichliche Zufuhr von Fetten und Kohlenhydraten den Bedarf des Körpers an Protein verringern. Der Mensch kann aber die für ihn erforderlichen Proteine nicht etwa selbst aus den angegebenen Elementen aufbauen, vielmehr bedarf er dazu ähnlicher Körper tierischen oder pflanzlichen Ursprunges. Die Eiweißmoleküle sind chemisch außerordentlich kompliziert und verschieden zusammengesetzt; sie bestehen aus vielen hundert Atomen der angegebenen Elemente. Die wichtigsten Proteine sind: Eieralbumin (von albumen ovi = das Weiße des Eis, das Eiklar), Milchalbumin, Serumalbumin (im Blut), Muskelalbumin (im Fleisch) und pflanzliche Albumine, Serumglobulin (im Blut), Muskelglobulin, Eier- und pflanzliches Globulin (globulus = Kügelchen), Kleber, Kasein (phosphorhaltiges Protein der Milch), Ovovitellin (d. h. Bestandteil des Eidotters), Kollagen und Leim bzw. Gelatine, Hämoglobin (roter Blutfarbstoff der Wirbeltiere und des Menschen).

6. **Was sind Fette?** Fette sind Verbindungen von Glyzerin und Fettsäuren, die sich chemisch leicht in ihre Bestandteile zerlegen lassen. Hierauf beruht z. B. die Herstellung von Seifen (fettsauren Salzen). Die Fettsäuremoleküle sind, ebenso wie das Glyzerinmolekül, frei von Stickstoff; sie sind lediglich aus den Atomen Kohlenstoff, Wasserstoff und Sauerstoff aufgebaut. Im

menschlichen Körper werden die Fette vollständig bis zu Kohlensäure, dem höchsten Oxydationsprodukt des Kohlenstoffs, verbrannt. Je nach der Art der Fettsäuren sind die Fette verschieden
fest. Auch die pflanzlichen Öle, weiter der von Fischen gewonnene
Lebertran und das Kokosnußfett sind ebenso Fette wie z. B.
Schweinefett und Gänsefett. An Fettsäuren kommen hauptsächlich in Betracht: Stearin-, Öl-, Palmitin-, Myristin-,
Laurin-, Kaprin-, Kapryl-, Kapron-, Butter- und
Arachinsäure. Der Mensch und das Tier können Fette nicht
nur aus fetthaltiger Nahrung sowie aus Fetten anderer Art, sondern auch aus Zucker und Stärke bilden. Daher wird z. B. nach
übermäßigem Genuß von mit Zucker gesüßten Speisen und Getränken Fettansatz beobachtet; auf der Umbildung von Kohlenhydraten zu Fett beruht auch die Mast von Schweinen, Gänsen
und anderen Haustieren mit Getreide oder Mehl. Aus demselben
Grunde können in unserer Nahrung Fette in gewissem Umfange
durch Zucker und Mehl ersetzt werden. Fette sind außerordentlich nahrhaft (s. Nr. 11). Pflanzliche Fette stehen im Nährwert den tierischen teils nicht, teils nicht wesentlich nach. Der
Genußwert der zahlreichen Fette ist allerdings ein verschiedener. Daher wird Butterfett (Milchfett) den in der Margarine
enthaltenen Speisefetten gegenüber bevorzugt; frisch in der
Küche ausgelassenes Schweineschmalz schmeckt besser als im
Geruch und Geschmack fast indifferentes, in Großbetrieben ge-
wonnenes amerikanisches Schmalz und als Kokosfett. In den
Pflanzen wird das Fett durch biochemische Umbildung aus
Kohlenhydraten erzeugt.

Als Begleiter der Fette trifft man häufig Lezithine und
andere Phosphatide, stickstoff- und phosphorhaltige Verbindungen von großer physiologischer Bedeutung, an, die namentlich im Gehirn und in der Nervensubstanz vorkommen. Insbesondere enthält z. B. das Eigelb neben viel Fett auch viel
Lezithin.

Der Mensch vermag aber nicht etwa alles Fett, das er braucht,
selbst aus Kohlenhydraten zu erzeugen; seine Nahrung muß vielmehr, ebenso wie ein Eiweißminimum, auch ein Fettminimum
aufweisen.

7. Was versteht man unter Kohlenhydraten? Die Kohlenhydrate sind Körper, die — ebenso wie die Fette — aus
Kohlenstoff, Wasserstoff und Sauerstoff aufgebaut sind, in deren

Molekülen aber die Elemente Wasserstoff und Sauerstoff in demselben Verhältnis zueinander vorliegen wie im Wasser (2 : 1). Zu ihnen gehören namentlich die Zucker-, Dextrin- und Stärkearten. Die bekanntesten einfachen Zuckerarten sind der Trauben- und der Fruchtzucker. Beide kommen z. B. im Honig, in den Weintrauben und in zahlreichen Früchten vor; bei Diabetes (Zuckerkrankheit) wird Traubenzucker im Harn ausgeschieden. Rohrzucker (aus dem Zuckerrohr) und Rübenzucker sind chemisch identisch (Saccharose), und zwar chemische Verbindungen aus gleichen Teilen der zuvor genannten einfachen Zuckerarten. Daher können Rohr- und Rübenzucker chemisch leicht in Gemische von Trauben- und Fruchtzucker (in sog. Invertzucker, mit dem z. B. Kunsthonig hergestellt wird) umgewandelt (invertiert) werden. Milchzucker (Laktose) ist eine Verbindung von je einem Molekül Traubenzucker mit je einem Molekül eines anderen einfachen Zuckers, der Galaktose (des Schleimzuckers). Dextrine und die Stärkearten bestehen hingegen aus verschieden großen Molekülen, die sich durch chemische Zusammenlagerung von Traubenzucker erklären. Daher kann man diese Kohlenhydrate — ebenso auch die pflanzliche Zellmembran (Zellulose) — chemisch in Traubenzucker zerlegen. Da dieser ohne weiteres vergärbar ist (s. Nr. 130), gelingt es z. B., aus Sägespänen zunächst Holzzucker (Traubenzucker) und dann Alkohol herzustellen.

8. **Welche mineralischen Stoffe brauchen wir?** Verbrennt man tierische und pflanzliche Körpersubstanz in einer Platinschale über freiem Feuer bei Luftzutritt, so hinterbleibt Asche, in der sich im allgemeinen Verbindungen von folgenden Stoffen nachweisen lassen: Kalium, Natrium, Magnesium, Kalzium, Eisen, Phosphorsäure, Schwefelsäure, Kieselsäure und Salzsäure, außerdem geringe Mengen von Aluminium, Mangan, Kupfer, Jod und anderen Elementen. In den tierischen Organen und Flüssigkeiten schwankt — abgesehen vom Blut — der Gehalt an nichtorganischen (mineralischen) Stoffen weit weniger als in Pflanzenteilen. Aus der Aschenanalyse ergibt sich aber nicht etwa, in welcher chemischen Bindung die mineralischen Stoffe in den verschiedenen Körperteilen ursprünglich, also vor deren Veraschung oder gar noch im lebenden Körper, vorlagen. Es steht noch nicht einmal genau fest, wie, in welchem Verhältnis zueinander und in welchen Mengen die nichtorganischen Stoffe im menschlichen Körper

überall verteilt sind. Mithin kann auch keines der zahlreichen zur Anpreisung gelangenden sog. Nährsalzgemische auf exakt-wissenschaftlicher Grundlage, den wirklichen Bedürfnissen des menschlichen Körpers entsprechend, hergestellt worden sein. Die Forschungen sind nach dieser Richtung noch im Fluß. Man lasse sich daher nicht durch Reklamen für Nährsalze betören. Das, was der Mensch an mineralischen Stoffen, und zwar auch an Kalzium-, Eisen- und Phosphorverbindungen braucht, erhält er bei vernünftiger Ernährung in der gemischten Kost in ausreichenden Mengen, zumal dann, wenn die Kost sachgemäß zubereitet wird (s. z. B. Nr. 103). Als Wärme- und Energiequelle, ähnlich so wie die zuvor besprochenen Nährstoffgruppen, kommen die mineralischen Stoffe nicht in Betracht, auch haben sie mit der Eiweiß-bildung nichts zu tun. An der Knochenbildung sind sie selbst-verständlich beteiligt. Aber hiervon ganz abgesehen, scheinen sie im Leben der Zellen, aus denen jeder Organismus aufgebaut ist, eine große Rolle zu spielen, wo sie weitgehend bis zu den elek-trisch geladenen Ionen, das sind Zerteilungsformen der Moleküle, gespalten sind und wichtige Funktionen ausüben. Man sollte also hier die Entwicklung der Wissenschaft abwarten, aber nicht mit unwissenschaftlich zusammengesetzten Mitteln an seinem Körper herumpfuschen.

9. **Was ist von den Vitaminen bekannt?** Eingehenderen Auf-schluß über die Vitamine (auch Nutramine und akzesso-rische Nährstoffe oder Ergänzungsstoffe genannt) sowie über ihre große Bedeutung für die Gesundheit, Ernährung und für die Zubereitung der Lebensmittel gibt meine als Heft 4 der Schriftsammlung „Die Volksernährung" herausgegebene Bro-schüre „Unsere Lebensmittel vom Standpunkt der Vitaminforschung". Es handelt sich bei den Vitaminen um lebenswichtige (vita = das Leben) Ergänzungsstoffe der übrigen Nährstoffe, deren Fehlen in der Nahrung schwere Störungen in der Ernährung, daher schwere Erkrankungen und sogar den Tod zur Folge haben kann. Im Gegensatz zu den Proteinen, Fetten und Kohlenhydraten kommen die Vitamine allerdings als Wärme- und Energiespender nicht in Betracht. Dem Gewicht nach ist zudem die Vitaminmenge, die der Mensch und das Tier ständig brauchen, nur sehr gering. Über die chemische Struktur dieser Körper liegen bisher bedenkenfreie Feststellungen noch nicht vor, jedoch ist ihre große physiologische Wirkung und Bedeutung

bereits weitgehend erforscht worden. Die Vitamine sind zum Teil gegen Erhitzen, zum Teil gegen oxydierend wirkende Stoffe (auch den Sauerstoff der Luft), zum Teil gegen Einwirkung von Alkalien sehr empfindlich. Ihr Fehlen in der Nahrung kann z. B. das Wachstum der Kinder nachteilig beeinflussen, Erkrankungen des Knochensystems zur Folge haben, den Appetit und die Nahrungsaufnahme herabsetzen, Störungen des Nervensystems, Skorbut und andere Stoffwechselkrankheiten verursachen. Allerdings bestehen die Gefahren, die mit der Zufuhr unzureichender Vitaminmengen verbunden sind, im täglichen Leben im allgemeinen nicht, weil der Mensch, namentlich dann, wenn er nicht einförmig in geschlossenen Anstalten ernährt wird, die Möglichkeit hat, in den verschiedenen für ihn in Betracht kommenden Lebensmitteln die unbedingt notwendigen Vitaminmengen zu sich zu nehmen, sofern diese Lebensmittel verständig zubereitet sind. Vitamine sind besonders in folgenden Lebensmitteln enthalten: in frischer Milch, Butter, fettem Käse, Sahne, Eiern, frischem Fleisch, Lebern, fetten Fischen, Lebertran, frischen Blattgemüsen (namentlich z. B. im Spinat und Grünkohl), in grünen Salaten, Karotten, Rüben verschiedener Art, Kartoffeln, Getreide, Tomaten, Zitronen, Apfelsinen und anderem Obst sowie in Hefe.

10. **Welche Bedeutung hat das Wasser für den menschlichen Körper?** Der menschliche Körper besteht zu ungefähr 65%, das Blut sogar zu etwa 78% aus Wasser. Mithin muß der Mensch seinem Körper regelmäßig Wasser zuführen, da er fortgesetzt Wasser ausscheidet (z. B. im Harn und Kot, durch die Haut und durch die Lungen). Ein Teil des nötigen Wassers wird als solches sowie in verschiedenen Getränken (Kaffee, Tee, Kakao, Limonaden, Milch, Wein, Bier usw.) und Speisen (Suppen, Gemüsen, Fleisch, Kartoffeln, Obst usw.) — vgl. z. B. auch Nr. 28, 49, 63, 76, 77, 79 und 120 — genossen; ein weiterer Teil (täglich etwa 350 g beim Erwachsenen) entsteht bei den verschiedenen Umsetzungen von Stoffen, die im Lebensprozeß des Körpers fortgesetzt stattfinden. Über die Anforderung, die an das für den Haushalt bestimmte Trink- und Gebrauchswasser zu stellen sind, gibt Nr. 125 Aufschluß.

11. **Was versteht man unter Kalorien?** Die Proteine, Fette und Kohlenhydrate werden, wie wir gesehen haben, größtenteils im Körper unter Sauerstoffaufnahme (durch Oxydation) zerstört

(verbrannt). Hierdurch werden die in den Nährstoffen enthaltenen Spannkräfte für den Körper frei. Dieser Energievorrat der Nährstoffe wird durch die bei der Verbrennung entstehende Wärme gemessen. Hierbei ist jedoch zu beachten, daß nur die Fette und Kohlenhydrate fast vollständig bis zu Kohlensäure, die wir ausatmen, verbrannt werden. Denn das Endprodukt der oxydativen Spaltung der Proteine im Organismus ist zum weitaus größten Teil der Harnstoff, eine chemische Verbindung von Kohlenstoff, Stickstoff, Sauerstoff und Wasserstoff, während man chemisch die Proteine vollständig bis zu Kohlensäure und Salpetersäure verbrennen kann. Infolgedessen deckt sich der chemische Verbrennungswert der Proteine nicht mit dem physiologischen. Physikalisch versteht man unter einer Kalorie die Wärmemenge, die erforderlich ist, um 1 kg Wasser von 0° auf 1° C zu erwärmen. Im menschlichen Körper entwickeln nach Rubner im Durchschnitt 1 g Protein 4,1 Kalorien, 1 g Fett 9,3 Kalorien und 1 g Kohlenhydrat 4,1 Kalorien. Dieser Wärmewert wird vielfach auch — allerdings nicht ganz zutreffend — als Nährwert bezeichnet, weil der Körper mit Hilfe der Nährstoffe, und zwar durch deren Verbrennung (Oxydation), ständig gewisse Wärme- und Energiemengen erzeugen muß. Aus den angegebenen Zahlen ist ersichtlich, daß die Fette die weitaus größten Kalorienmengen liefern und somit die weitaus meisten Nährwerteinheiten aufweisen. Dennoch vermögen sie aber ebensowenig wie die Kohlenhydrate die Proteine zu ersetzen, da nur diese stickstoffhaltig sind. Durch reichlichen Genuß von Kohlenhydraten und Fetten wird aber der Eiweißbedarf bei der Ernährung herabgesetzt.

12. **Was versteht man unter Sättigungswert?** Der Mensch will seinem Körper nicht nur Lebensmittel zuführen, sondern er will nach deren Genuß auch satt werden. Infolgedessen gibt es neben dem „Nährwert" auch einen „Sättigungswert". Satt ist der Mensch, solange er Speise im Magen hat; Hungergefühl tritt erst auf, wenn der Magen im leeren Zustande arbeitet. Demnach entspricht der Sättigungswert einer Nahrung der Zeit, die sie im Magen verweilt. Zum Beispiel haben Rind- und Hasenfleisch annähernd denselben Nährwert wie Fischfleisch mit entsprechendem Fettgehalt. Dennoch ist der Sättigungswert des Rind- und Hasenfleisches bedeutend höher als der des Fischfleisches, was jedem bereits aus dem Haushalte bekannt ist.

Infolgedessen wurde vor dem Kriege vielfach Fisch nicht als Hauptspeise, sondern als Vorspeise genossen, soweit es sich nicht etwa um besonders fettreiche Fische, wie Aale, handelte. Wird weiter Brot in kleinen Stücken gebacken, so ist sein Sättigungswert bedeutend größer, obwohl der kalorische Nährwert des großen Brotes derselbe wie der des aus demselben Teig hergestellten Kleingebäckes ist. Dies hat sich nicht nur bei besonders angestellten Versuchen ergeben, sondern es deckt sich auch mit den Erfahrungen des täglichen Lebens. Denn wenn man Brötchen ißt, so ist das Sättigungsgefühl größer, als wenn man eine entsprechend große Menge Krume von einem gleichartigen großen Brot verzehrt. Geröstetes Brot sättigt noch mehr. Beachtenswert ist weiter, daß unsere Frühstücksgetränke — Kaffee, Kaffee-Ersatz, Tee und Kakao — eine beträchtliche Absonderung von Verdauungssäften im Magen hervorrufen, worauf zum erheblichen Teil ihre erfrischende Wirkung beruht. Dem starken Sekretionsreiz entspricht ihr Sättigungswert. Die Folge davon ist, daß derartige Getränke morgens beliebter als weit nahrhaftere Suppen und Breie sind, die durch die Frühstücksgetränke allmählich immer mehr verdrängt wurden. Nach Prof. Dr. Otto Kestner in Hamburg verhalten sich Kaffee und Kaffee-Ersatz nach der angegebenen Richtung im Magen gleich; so erklärt es sich, daß es überhaupt möglich ist, den gerösteten Kaffee durch geröstetes Getreide, geröstetes Malz und andere geröstete Pflanzenteile weitgehend zu ersetzen. Von den Frühstücksgetränken hat den höchsten Sättigungswert der Kakao, dann folgen Kaffee und Kaffee-Ersatz, darauf der Tee. Weiter hat auch die Schokolade einen hohen Sättigungswert und eine stark erfrischende Wirkung, woraus sich ohne weiteres ergibt, warum sie als Proviant bei denen, die sie noch bezahlen können, sehr beliebt ist.

13. Was versteht man unter Verdaulichkeit und Bekömmlichkeit der Nahrung? Verdaulichkeit ist die Ausnutzbarkeit der Nahrung im Körper. Der Nährwert der Lebensmittel hängt nicht nur von ihrer Zusammensetzung, sondern auch von ihrer Verdaulichkeit (Ausnutzbarkeit) ab. Tierische Nahrungsmittel werden im allgemeinen nicht nur leichter, sondern auch höher ausgenutzt als pflanzliche (s. Nr. 135). Von den Vegetabilien stehen wieder die Hülsenfrüchte dem Getreide und den daraus hergestellten Mahlprodukten nach. Bei der Verdauung spielen

Enzyme eine Rolle, die den molekularen Abbau der Nährstoffe
verursachen. Zum Beispiel verzuckert das Ptyalin des Speichels
die Stärke (daher gut kauen, d. h. zerkleinern und einspeicheln im
Munde!); das Pepsin des Magensaftes zerlegt Proteine in lösliche
Spaltungsprodukte; Lab (Chymosin) spaltet Kasein; Steapsin,
ebenfalls im Magensaft, zerlegt Fette in Fettsäuren und Glyzerin;
Pankreatin oder Trypsin, ein Erzeugnis der Bauchspeichel-
drüse, spaltet ebenfalls Proteine auf; ein weiteres, von derselben
Drüse gebildetes Enzym, die Pankreasdiastase, wirkt ähnlich so wie Ptyalin auf die Kohlenhydrate. Die Bekömmlichkeit von Speisen ist hingegen etwas ganz anderes als ihre Verdaulichkeit. Beide Begriffe werden häufig miteinander verwechselt.
Eine Nahrung kann gut verdaulich, aber trotzdem nicht bekömmlich sein! Bekömmlich ist ein Lebensmittel, wenn es den
Magen-Darmkanal symptomlos passiert, also kein Unbehagen,
keine Blähungen, keine Magenbeschwerden, keine Darmreizungen
usw. verursacht. Zum Beispiel können hartgesottene Eier zwar
gut verdaut (ausgenutzt) werden, aber sie können trotzdem
Magendrücken verursachen und demnach nicht bekömmlich
sein. Manche Kinder brechen Lebertran aus, weil ihnen sein Geschmack widersteht, obwohl er gut verdaulich ist; dumpfiges
Mehl und Brot kann unbekömmlich, aber trotzdem gut verdaulich sein.

14. Was heißt „Bromatik"? Das Wort ist der griechischen
Sprache entlehnt. Während man unter Bromatologie die Lehre
von den Nahrungsmitteln versteht, bringt das Wort Bromatik
die Lehre von der Zubereitung der Speisen und Getränke nach
wissenschaftlichen Grundsätzen und Erfahrungen zum Ausdruck.
Es rührt von Prof. Dr. Th. Paul in München her und hängt mit
dem neuzeitigen Bestreben zusammen, die Lebensmittel möglichst rationell, d. h. vernünftig und sparsam zu verwerten, also
sie auch in der Küche so zuzubereiten, daß der größtmögliche
Nähr- und Genußwert erreicht wird. Die Bromatik dient demnach der Volksernährung und soll lehren, sich möglichst preiswert, nahrhaft und schmackhaft zu beköstigen; sie ist mithin
die wissenschaftliche Grundlage der Kochkunst, die sich
früher in wirtschaftlich guten Zeiten empirisch (nach den im
Haushalt praktisch gesammelten Erfahrungen) ohne Rücksicht
auf die Wirtschaftslage und den Nutzeffekt, also hauptsächlich
auf den Geschmack hin, entwickelt hatte. Das ist aber vom

Standpunkt der Volksernährung für ein armes Volk nicht mehr angängig. Mit Hilfe der Wissenschaft läßt sich sehr sparsam wirtschaften und trotzdem eine recht schmackhafte Nahrung zubereiten.

15. Welche Temperaturen sollen unsere Lebensmittel beim Genuß haben? Häufig werden Lebensmittel zu kalt oder zu heiß genossen. Die Temperatur der Speisen und Getränke soll sich etwa zwischen 10 und 40 bis höchstens 45° C bewegen. Selbst wenn die Mundschleimhaut gelegentlich heißere Getränke (z. B. Kaffee, Tee und Brühe) verträgt, so trifft dies nicht für die Magenschleimhaut, vielleicht auch nicht für die Verdauungsfermente des Magens zu. Heiße Lebensmittel können zudem im Zahnschmelz Sprünge herbeiführen, die dann den die Zahnkrankheiten verursachenden Bakterien die Möglichkeit des Zuganges bieten. Zu kalte Getränke haben oft Magenkatarrhe zur Folge. Vorsicht ist bei der Zubereitung kalter Getränke dem Natureis gegenüber geboten, das vielfach nicht nur genußuntauglichem Wasser entstammt, sondern auch Infektionskeime verschiedener Art enthalten kann. Oft ist der Genußwert von der Temperatur abhängig. Z. B. schmeckt Weißwein am besten bei etwa 11° C, Rotwein bei etwa 16,5° C.

16. Wie viele Mahlzeiten sind täglich für Kinder und Erwachsene zweckmäßig? Das Kind, also der noch wachsende Organismus, muß häufiger als der Erwachsene essen. Es darf aber nicht etwa regellos den ganzen Tag über essen, da auch seine Verdauungsorgane wiederholt tagsüber zur Ruhe kommen müssen (s. auch Nr. 136). Ebenso brauchen schwächliche Personen mehr Mahlzeiten als kräftige. Der Erwachsene ißt in Deutschland — im Gegensatz zu England — früh im allgemeinen zu wenig. Die ausgeruhten und leeren Verdauungsorgane können morgens weit mehr als etwas Brot mit Kaffee aufnehmen. Geschieht dies, so ist nicht alsbald wieder eine neue Nahrungszufuhr erforderlich. Die Hauptmahlzeit findet am zweckmäßigsten nach der Hauptarbeit statt, damit für sie reichlich Zeit und im Anschluß daran die nötige Ruhe für die Verdauung gewährleistet ist. Die Abendmahlzeit kann weit geringer sein, weil der Kräfteverbrauch während der Nacht infolge der Ruhe des Körpers gering ist; weiter soll abends nicht zu spät gegessen werden, weil ein voller Magen leicht einen unruhigen Schlaf zur Folge hat. Im allgemeinen werden bei uns 40 bis 50% der Gesamtnährstoffe in der

Hauptmahlzeit genossen. Beim Essen sollte man nur mäßig trinken, um die Verdauungssäfte nicht vorübergehend unnötig zu verdünnen und die Herztätigkeit nicht zu erschweren (denn alle vom Verdauungskanal aufgenommene Flüssigkeit muß den Kreislauf passieren!).

17. Welche Nährstoffmengen braucht der Mensch täglich? Diese Frage läßt sich nicht schematisch beantworten. Der Bedarf der einzelnen Menschen an den wichtigsten Nährstoffen ist ein recht verschiedener; er hängt insbesondere vom Alter, vom Geschlecht, von der Größe und dem Körpergewicht, von der körperlichen und geistigen Tätigkeit, vom Gesundheitszustand, von der Beweglichkeit und von der Tätigkeit des Verdauungsapparates ab. Infolgedessen haben Berechnungen der Zusammensetzung der täglichen Nahrung nur dann praktisch eine wesentliche Bedeutung, wenn Menschen fortgesetzt gleichartig (z. B. im Heeresdienst und insbesondere in geschlossenen Anstalten, wie in Erziehungsanstalten und Strafanstalten) ernährt werden sollen. Denn diese Personen sind nicht in der Lage, jederzeit Lebensmittel, geschweige denn die Lebensmittelmengen zu sich zu nehmen, für die ihr Körper ein Bedürfnis empfindet. Um jedoch einen gewissen Anhalt zu bieten, sei bemerkt, daß ein Mensch im Gewicht von etwa 70 kg bei mittlerer Arbeitsleistung täglich etwa 90—100 g und bei schwerer Arbeit täglich etwa 100—110 g Proteine und im ganzen eine Kalorienmenge von 3000 bzw. 4000 Kal. nötig hat, wobei allerdings zu berücksichtigen ist, daß ein Teil des Eiweißes durch Fette und Kohlenhydrate erspart werden kann. Hinsichtlich der Fette ist noch zu beachten, daß sie im allgemeinen nicht nur leicht verdaut werden, sondern daß man im Hinblick auf ihren hohen kalorischen Wert von ihnen weit weniger als von den Kohlenhydraten zu essen braucht, um den Bedarf an Kalorien zu decken. Die Verdauung großer Mengen von Kohlenhydraten ermüdet; infolgedessen macht sich insbesondere bei solchen Personen, die angestrengt geistig tätig sind, das Bedürfnis nach fettreicher und animalischer Nahrung bemerkbar (s. Nr. 135).

18. Wie sind die wichtigsten Lebensmittel hinsichtlich ihres Gehaltes an Proteinen, Fett und Kohlenhydraten zusammengesetzt, und wie viele Kalorien liefern sie?

	100 g genießbare rohe Nahrung				Vor Errechnung der Kalorien wurden für je 100 g Marktrohware als Abfall abgezogen
	enthalten ausnutzbare Mengen (Gramm) von			liefern	
	Proteinen	Fett	Kohlenhydraten	Kalorien	
	g	g	g		g
I	2	3	4	5	6

A. Tierische Nahrungsmittel.

	Proteinen	Fett	Kohlenhydraten	Kalorien	Abfall
Rindfleisch, fett	16,8	25,6	—	307	26
„ mittelfett	19,8	6,6	—	143	20
Rindfleisch, mager	20,2	1,9	—	101	16,5
„ geräuchert	26,4	14,5	—	244	20
Schweinefleisch, fett	14,1	35,1	—	384	20
„ mager	19,5	6,2	—	138	16,5
„ geräuchert	23,5	13,3	—	220	16,5
Schweinepökelfleisch	21,8	8,3	—	167	16,5
Kalbfleisch, fett	18,4	7,0	—	141	26
„ mager	19,5	0,8	—	87	16,5
Hammelfleisch, fett	14,4	34,2	—	377	26
„ mittelfett	17,6	5,5	—	123	20
„ mager	18,7	2,6	—	101	16,5
Hirschfleisch	24,9	3,7	—	137	16,5
Rehfleisch	19,3	1,8	—	96	16,5
Hasenfleisch	22,8	1,1	—	104	15
Herz	15,6	9,4	—	151	5
Hirn (Kalb)	8,8	8,2	—	112	—
Kalbsmilch (Bries)	15,0	2,1	—	81	—
Knochenmark	2,8	83,6	—	788	—
Leber	17,8	3,5	3,2	119	5
Lunge	13,5	2,3	—	77	11
Milz	17,8	3,9	—	109	5
Nieren	16,4	4,1	—	105	5
Zunge	15,4	16,5	—	217	5
Entenfleisch	20,8	4,3	—	125	16
Gänsefleisch im Durchschn.	15,6	35,9	—	398	12
Hühnerfleisch im Durchschn.	19,9	4,4	—	123	15
Blutwurst, Braunschweiger	13,6	41,6	0,2	450	3
Leberwurst	15,3	33,0	2,4	380	2
Mettwurst	18,5	38,8	—	437	1
Schlackwurst	19,8	25,6	—	319	1
Schinken, roh[1]	23,5	13,3	—	220	42
„ gekocht[1]	23,6	16,4	—	249	42
Zervelatwurst (Plockwurst, Dauerwurst)	23,3	43,4	—	499	1

---

[1] Einschl. Knochen.

1	100 g genießbare rohe Nahrung				Vor Errechnung der Kalorien wurden für je 100 g Marktrohware als Abfall abgezogen
	enthalten ausnutzbare Mengen (Gramm) von			liefern	
	Proteinen	Fett	Kohlenhydraten	Kalorien	
	g	g	g		g
1	2	3	4	5	6
Flunder	13,6	0,6	—	61	57 } Abfall einschl. Kopf
„ geräuchert	18,6	0,7	—	82	57
Kabeljau (Dorsch)	15,8	0,3	—	68	53,5
Schellfisch	16,5	0,3	—	70	60 } Abfall einschl. Kopf
„ geräuchert . . .	22,7	0,1	—	94	57
Stockfisch	79,1	0,7	—	331	74
Klippfisch	70,2	2,3	—	309	74
Hering, grün	15,0	6,9	—	126	51 } Abfälle einschl. Kopf u. Eingeweide[1]
„ gesalzen	18,5	15,5	—	220	51
Matjeshering	18,5	9,0	—	160	33
Bücking (Räucherhering) .	20,5	7,7	—	156	33
Frische Flußfische im Durchschnitt .	17,5	1,6	—	87	49
Fischkonserven in Marinade .	21,5	2,1	—	108	5
Eier (1 Hühnerei wiegt rund 51 g)	12,2	11,2	0,6	157	11,5
Kuhmilch (Vollmilch) . .	3,3	3,3	4,8	64	—
Ziegenmilch	3,6	3,9	4,7	71	—
Kondensierte Milch ohne Zucker . . .	10,4	10,8	13,7	199	—
Kondensierte Milch mit Zucker. .	9,7	9,6	50,7	337	—
Käse, fett	25,0	30,0	3,0	394	—
„ halbfett.	30,0	16,0	4,0	288	—
„ mager	33,0	3,0	5,0	184	—
Quark	34,8	5,4	1,0	197	—
Butter	0,7	81,2	0,5	761	—
Schweineschmalz	0,3	95,0	—	885	—
Speck, geräuchert	8,8	67,9	—	668	7,4
Rindertalg (Nierenfett) . .	0,4	93,8	—	874	—
Margarine	0,7	81,2	0,5	760	—

[1]) Bei ausgenommenen Fischen o h n e K o p f sind für Abfall auf je 100 g Rohware nur 16 g, bei ausgenommenen Fischen m i t K o p f sind für Abfall auf je 100 g Rohware 30 g abzurechnen.

	100 g genießbare rohe Nahrung				Vor Errech-nung der Kalorien wurden für je 100 g Markt-rohware als Abfall abgezogen
	enthalten ausnutzbare Mengen (Gramm) von			liefern	
	Pro-teinen	Fett	Kohlen-hydra-ten	Kalorien	
	g	g	g		g
1	2	3	4	5	6

B. Pflanzliche Nahrungsmittel.

Weizenbrot, feines	5,5	0,4	56,6	258	—
Roggenbrot	4,6	0,6	45,4	211	—
Soldatenbrot	4,1	0,3	47,0	212	—
Pumpernickel	4,3	0,6	41,7	194	—
Zwieback aus Weizen . .	7,6	1,8	73,2	348	—
aus Roggen . .	7,9	0,5	68,2	317	—
Bohnen	17,7	0,7	43,4	257	—
Erbsen	16,2	0,6	45,8	260	—
Linsen	18,3	0,6	44,8	264	—
Bohnenmehl	19,6	0,9	56,0	318	—
Erbsenmehl	21,7	0,7	54,3	318	—
Linsenmehl	21,7	0,7	53,9	317	—
Weizenmehl, mittelfein . .	8,6	0,9	68,0	322	—
Roggenmehl	8,4	1,2	66,0	316	—
Gerstenmehl	8,6	1,6	68,0	329	—
Hafermehl	10,0	4,1	64,0	342	—
Haferflocken	10,5	4,1	63,1	340	—
Buchweizenmehl	8,0	1,0	67,3	318	—
Maismehl	8,0	2,2	69,2	337	—
Maisstärke (Maizena) . . .	0,8	—	82,6	342	—
Kartoffelmehl	3,6	0,3	75,2	326	—
Kartoffelflocken, Kartoffel-grieß, Dörrkartoffel . .	5,6	0,2	73,8	327	—
Kartoffelstärke	0,6	—	78,3	325	—
Kartoffel	2,1	0,1	21,0	96	bei Salzkart. 20 g, bei Pellkart.13 g
Graupen (Grütze)	7,2	1,1	76,2	352	—
Grieß	7,1	0,1	72,1	326	—
Reis	6,2	0,7	75,9	343	—
Nudeln (Makkaroni) . . .	8,8	0,4	72,5	337	—
Blumenkohl	1,8	0,2	3,8	25	33
Bohnen, grün	1,9	0,2	5,5	32	9
„ eingemachte . .	0,8	—	2,2	12	—
Erbsen, grün (Schoten) .	4,6	0,4	10,2	64	44
Nährhefe	53,0	3,0	25,0	300	—
Grünkohl	2,8	0,5	9,6	56	26
Rotkohl	1,3	0,2	4,8	27	25
Weißkohl	1,3	0,2	4,2	24	23

	100 g genießbare rohe Nahrung				Vor Errechnung der Kalorien wurden für je 100 g Marktrohware als Abfall abgezogen
	enthalten ausnutzbare Mengen (Gramm) von			liefern	
	Proteinen	Fett	Kohlenhydraten	Kalorien	
	g	g	g		g
1	2	3	4	5	6
Sauerkraut (Kohl)	1,0	0,3	3,1	20	—
Rosenkohl.	3,5	0,3	5,1	38	20
Wirsing	2,4	0,5	5,1	35	31
Kohlrabi	2,1	0,2	6,9	39	18
Kohlrüben (weiß)	0,9	0,2	5,9	30	33
Mohrrüben (groß)	0,9	0,2	7,8	38	20
Karotten	0,8	0,1	6,9	33	20
Rote Rüben	1,1	0,1	7,0	34	27
Teltower Rüben	2,5	0,1	9,5	50	20
Speiserüben im Durchschn.	1,3	0,15	7,5	38	23
Sellerie	1,1	0,2	9,9	47	20
Rettich	1,4	0,1	7,1	36	8,5
Zwiebel	1,1	0,1	8,7	41	16,5
Meerrettich	2,0	0,2	13,3	65	8,5
Spargel	1,5	0,2	2,2	17	20
Spinat	2,4	0,3	3,0	25	25
Kopfsalat	1,1	0,2	1,8	14	20
Brunnenkresse	1,9	0,1	0,5	11	10
Gurken, frisch	0,8	0,1	1,9	12	23
„ sauer eingemacht	0,3	0,1	0,8	5	—
Dörrgemüse[1]) i. Durchschn.	10,8	2,0	57,0	296	—
Speisemorchel	2,3	0,3	3,6	27	16,6
„ getrocknet .	19,9	1,2	29,9	215	—
Steinpilze	3,8	0,2	4,1	34	20
„ getrocknet . . .	25,7	1,6	27,6	233	—
Pfifferlinge	1,9	0,3	3,0	23	20

Obst.

	Proteinen	Fett	Kohlenhydraten	Kalorien	
Äpfel	0,44	—	13,3	56	17
„ getrocknet	1,4	0,8	56,0	243	—
Birnen	0,41	—	13,6	57	2,8
„ getrocknet	1,6	—	57,5	242	4,7
Pflaumen, frisch	0,81	—	16,8	72	3,7
„ (Zwetschen), getr.	1,8	—	44,3	189	14,5
Backobst im Durchschnitt	1,6	—	52,6	222	—

[1]) Bei gesalzenen Gemüsekonserven ist kein Gemüseabfall zu berechnen, jedoch sind 10—15% Nährwert für das zu entfernende Salzgewicht und für die beim Wässern verlorengehenden Stoffe abzuziehen.

	100 g genießbare rohe Nahrung				Vor Errechnung der Kalorien wurden für je 100 g Marktrohware als Abfall abgezogen
	enthalten ausnutzbare Mengen (Gramm) von			liefern	
	Proteinen	Fett	Kohlenhydraten	Kalorien	
	g	g	g		g
1	2	3	4	5	6
Kirschen, frisch	0,89	—	16,0	69	4,4
Weintrauben, frisch . . .	0,63	—	17,4	75	2,0
Rosinen	1,8	—	62,6	264	7,4
Korinthen	0,9	—	67,9	282	3,8
Johannisbeeren, frisch . .	1,32	—	7,5	36	2,0
Erdbeeren, frisch	1,25	—	7,76	37	—
Stachelbeeren, frisch . . .	0,9	—	8,55	39	—
Apfelsinen (Orangen) . . .	0,82	—	12,64	55	27,8[1])
Bananen	1,33	—	22,84	99	33
Apfelmarmelade	0,2	—	56,7	233	—
Birnenmarmelade	0,2	—	46,3	191	—
Erdbeermarmelade	0,5	—	65,0	269	—
Himbeermarmelade. . . .	0,4	—	65,6	271	—
Johannisbeermarmelade .	0,4	—	60,6	250	—
Pflaumenmarmelade . . .	0,4	—	55,5	229	—
Gemischte Marmelade . .	0,35	—	67,6	279	—
Walnuß mit Schalen . . .	4,7	21,0	4,4	233	60

Honig, Zucker, Kakao, Keks, Fruchtsäfte u. dgl.

Honig	0,8	—	78,1	324	—
Kunsthonig	—	—	79,1	324	—
Rohrzucker	0,3	—	94,6	389	—
Rübenzucker	—	—	97,9	401	—
Kakao	8,5	26,7	32,8	418	—
Schokolade	5,0	17,7	55,5	414	—
Keks	7,0	3,0	72,4	353	—
Himbeersirup	—	—	58,4	239	—
Zitronensaft (ungezuckert)	—	—	9,7	40	—

Getränke.

Extrakt. Alkohol.
1 g = 4 Kal. 1 g = 7 Kal.

Schankbier der Vorkriegszeit	5,3	3,4	4,3	62 mit / 39 ohne Alkohol	—
Schweres Lagerbier der Vorkriegszeit	5,5	3,7	5,0	68 mit / 43 ohne Alkohol	—

[1]) Mit Schalen.

	100 g genießbare rohe Nahrung				Vor Errechnung der Kalorien wurden für je 100 g Marktrohware als Abfall abgezogen
	enthalten ausnutzbare Mengen (Gramm) von			liefern	
	Extrakt 1 g = 4 Kal.	Alkohol 1 g = 7 Kal.	Kohlenhydraten	Kalorien	
	g	g	g		g
1	2	3	4	5	6
Exportbier	6,5	4,3	5,0	77 mit / 47 ohne	—
Deutscher Weißwein im Mittel	2,2	7,5	0,1	62 mit / 9 ohne	—
Deutscher Rotwein im Mittel	2,5	8,0	0,1	66 mit / 10 ohne	—
Tiroler Rotwein	2,3	9,0	0	72 mit / 9 ohne	—
Portwein	8,0	16,6	5,8	172 mit / 56 ohne	—
Apfelwein	2,9	4,7	0,6	47 mit / 14 ohne	—
Schaumwein, trocken . .	2,4	10,4	0,5	84 mit / 12 ohne	—

(In Spalte 5 die Klammer mit der Bezeichnung „Alkohol".)

19. Welche Anforderungen werden an eine richtige menschliche Ernährung gestellt? Prof. Dr. Otto Kestner in Hamburg hat diese Frage wie folgt beantwortet: 1. Die Nahrung muß dem Körper die nötigen Mengen Kalorien liefern. 2. Die Nahrung muß die nötige Menge Eiweiß enthalten. 3. Die Nahrung muß die erforderlichen Vitamine enthalten. 4. Die Nahrung muß die Tätigkeit der Verdauungsorgane genügend anregen. 5. Die Nahrung muß den nötigen Sättigungswert haben. 6. Die Nahrung muß ausreichende Mengen Zellulose enthalten (zur Verhütung von Verstopfung).

20. Ist die Gesundheit des Menschen von seiner Ernährung abhängig? Zweifellos, sowohl unmittelbar als auch mittelbar! Liegen in der Nahrung wichtige Nährstoffe nicht in ausreichenden Mengen vor, so vermag kein Überschuß an anderen Nährstoffen einen Ausgleich herbeizuführen. Dies trifft insbesondere hinsichtlich der Proteine und der Vitamine, aber auch der mineralischen Stoffe zu. Auch die Gesamtmenge der Nahrung, ihr kalorischer Wert, muß ausreichend sein, obwohl sie selbstverständlich nicht täglich das Mindestmaß aufweisen muß, da der gut ernährte Körper von seinen Reservestoffen Gebrauch machen kann und

z. B. in gewissen Krankheitsfällen Gebrauch machen muß. Ist
die Nahrung einseitig oder ihrer Menge nach unzureichend, so
führt sie allmählich zum Verfall des Körpers. Es treten alsdann
insbesondere Stoffwechselkrankheiten verschiedener Art und
Siechtum ein. Ein ungenügend ernährter Körper ist zudem für verschiedene akute Infektionskrankheiten weit empfänglicher als der
ausreichend ernährte Organismus. Ausreichende Ernährung erhöht
demnach auch die Widerstandsfähigkeit des Menschen gegen verschiedene Krankheiten. Der durch Krankheit geschwächte Körper
braucht, ebenso wie der wachsende Körper, eine ausgiebigere
Ernährung als der gesunde, kräftige und ausgewachsene Organismus.

21. Wo spart man am zweckmäßigsten in der Familie? Der
Prozentsatz unseres Einkommens, der für die Unterhaltung unseres Körpers erforderlich ist, ist infolge der allgemeinen Verarmung ständig größer geworden. Der menschliche Körper verlangt zu seinem Unterhalt gewisse Nährstoffmengen (s. Nr. 17).
Wird er unterernährt, so hat dies die ernstesten Folgen (s. Nr. 20).
Allerdings kann auch bei der Ernährung sehr sparsam gewirt-
schaftet werden, jedoch gibt es hier natürliche Grenzen. Um
seine Gesundheit und somit sein höchstes Gut bewahren zu
können, ist es demnach erforderlich, sorgfältig zu prüfen, wo
ohne Schaden für die Gesundheit wirklich gespart werden kann.
Hierbei ergibt sich in der Regel, daß noch immer viel zuviel
Geld für leicht entbehrliche und insbesondere für ganz über-
flüssige Gegenstände verausgabt wird, obwohl nicht verkannt
werden soll, daß der Mensch je nach dem Grade der Kulturstufe,
auf der er lebt, verschiedene Bedürfnisse hat, die, wenn sie vollständig unbefriedigt bleiben, das Leben nicht mehr lebenswert
erscheinen lassen.

22. Erleichtert Kleintierzucht die Wirtschaft? Kleintierzucht
gestattet die Verwertung aller Abfälle, die Nährstoffe enthalten,
und zwar sowohl der rohen als auch der zubereiteten (Speisereste).
Stehen geeignete Räume zur Verfügung und ist Verständnis
für Kleintierzucht vorhanden, so kann sie uns sehr wertvolle
tierische Nahrungsmittel in Form von Fleisch, Fett und Eiern
liefern. Denn der Nährwert des Fleisches und der Fette der in
Betracht kommenden Tiere steht dem der großen Schlachttiere
nicht nach. Wer sich gar eine Ziege halten kann, hat stets frische,
der Kuhmilch gleichwertige, die Handelsmilch im allgemeinen

sogar übertreffende Milch, zudem gelegentlich ein prächtig schmeckendes Lamm.

23. Was will das Lebensmittelrecht? Das Lebensmittelrecht regelt den Verkehr mit minderwertigen, verfälschten, nachgemachten und solchen Lebensmitteln, die geeignet sind, die menschliche Gesundheit zu schädigen oder gar zu zerstören. Zu dem Zwecke enthält es auch Bestimmungen über die Herstellung und die Kennzeichnung gewisser Lebensmittel im Verkehr, weiter Verbote der Verwendung von zur Täuschung geeigneten Bezeichnungen, Mindestanforderungen an die Beschaffenheit bestimmter Lebensmittel, Vorschriften für die Herstellungs- und Vertriebsräume sowie für die Verpackung von Lebensmitteln; außerdem ist auch der Verkehr mit solchen Gebrauchsgegenständen mehr oder weniger geregelt worden, mit denen der Mensch bei seiner Ernährung, Bekleidung, in seiner Wohnung usw. unmittelbar oder mittelbar in Berührung kommt. Das Lebensmittelrecht gibt zugleich der Polizei und deren Sachverständigen weitgehende Befugnisse zur Überwachung des gesamten Verkehrs mit Lebensmitteln und Gebrauchsgegenständen. Über die Entstehung, Entwicklung und künftige Aufgabe des Lebensmittelrechts in Deutschland gibt die im Verlage von Julius Springer in Berlin im Jahre 1922 erschienene kleine Broschüre von A. J u c k e n a c k, „Die deutsche Lebensmittelgesetzgebung" näheren Aufschluß.

24. An wen wende ich mich, wenn ich mich beim Einkauf von Lebensmitteln getäuscht oder geschädigt fühle? Die Überwachung des Verkehrs mit Lebensmitteln und Gebrauchsgegenständen gehört zu den Aufgaben der Lebensmittelpolizei, die einen Teil der allgemeinen Polizeiverwaltung bildet. Infolgedessen sind Beschwerden bei der für den Tatort zuständigen Polizeibehörde und insbesondere bei der Abteilung der Polizei vorzubringen, die die einschlägigen Fragen bearbeitet. Jede Polizeidienststelle ist verpflichtet, Anzeigen wegen Verfehlungen gegen die über den Verkehr mit Lebensmitteln erlassenen Vorschriften entgegenzunehmen. Der Polizei stehen für die Erstattung von Gutachten öffentliche Nahrungsmittel-Untersuchungsanstalten, beamtete medizinische und tierärztliche Sachverständige, hauptberuflich bestellte Weinkontrolleure, gewerbliche und andere Sachverständige zur Verfügung. Auch die Staats- und Amtsanwaltschaften sind verpflichtet, Anzeigen wegen Verfehlungen gegen die Lebensmittelgesetzgebung zu verfolgen. Da viele Lebensmittel schnell in Zersetzung übergehen und es insbesondere bei der Beurteilung verdorbener Lebensmittel wichtig ist, daß der Sachverständige die Lebensmittel in dem Zustande erhält, in dem sie zum Verkauf gelangten, ist es notwendig, sich beim Anlaß zu Beschwerden umgehend möglichst an die Stelle zu wenden, die polizeilich den Lebensmittelverkehr überwacht.

25. Wie schützt man sich gegen Lebensmittelfälscher? Erstens ist es nötig, daß sich die Verbraucher über Lebensmittel mehr Kenntnisse als bisher verschaffen, daß sie also allen Lebensmittelfragen nunmehr ein weit größeres Interesse als früher entgegenbringen, zumal in Zeiten der Not nicht nur sparsame, sondern auch zweckentsprechende Wirtschaft erforderlich ist. Zweitens ist es nötig, beim Ankauf von Lebensmitteln seine Sinnesorgane, insbesondere seine Augen, anzustrengen, die Waren, die man kaufen möchte, sorgfältig zu betrachten und weiter seine Aufmerksamkeit auch auf alle Angaben zu richten, die auf Etiketten, Plakaten und sonstigen Drucksachen über die Beschaffenheit und namentlich über Zusätze irgendwelcher Art gemacht werden. Denn es ist oft unbegreiflich, daß Leute in ihrer Arglosigkeit etwas als einwandfrei einkaufen konnten, während sie bei näherer Betrachtung hätten stutzig werden können oder müssen. Drittens versäume man es nicht, wenn man tatsächlich getäuscht oder geschädigt worden ist oder anderweitig Mißstände wahrnimmt, den zuständigen Behörden (s. Nr. 24) Mitteilung zu machen, da man so seine Mitmenschen schützt und zugleich zur Ausrottung von Mißständen beiträgt.

26. Kann Deutschland die für seine Bevölkerung erforderlichen Lebensmittel selbst erzeugen? Nur etwa $^2/_3$ der Lebensmittelmengen, die die deutsche Bevölkerung unbedingt braucht, werden in Deutschland gewonnen. Zum Beispiel müssen wir etwa 96% des gesamten Fettes, das wir in Form von Margarine genießen, sowie fast alles Schweineschmalz, das in den Verkehr gelangt, aus dem Auslande beziehen und dort mit Gold bezahlen. Auch unsere wichtigsten Speiseöle vermögen wir nicht selbst zu produzieren; sogar die im Verkehr befindliche Butter ist z. T. ausländischen Ursprunges. Weiter führen wir die Hauptmenge unserer Hülsenfrüchte, insbesondere Bohnen, Erbsen und Linsen, ein; nicht einmal der inländische Getreideertrag reicht auch nur annähernd für die Herstellung von Brot und anderen Backwaren aus; infolge der Futtermittelknappheit importieren wir zur Zeit etwa die Hälfte unseres Fleischverbrauches, während noch vor etwa 10 Jahren nur $^1/_3$ in Frage kam und damals w e i t mehr Fleisch genossen wurde als jetzt; weiter erhalten wir aus dem Auslande den gesamten Reis, die Gewürze, Speiseeigelb usw. Diese höchst bedauerliche Abhängigkeit der Ernährung unseres Volkes vom Auslande zwingt uns insbesondere jetzt, wo wir vollständig verarmt sind, dazu, an ausländischen Erzeugnissen jedenfalls dort zu sparen, wo es sich um entbehrliche Nahrungs- und Genußmittel handelt. Daß ausländische, mehr oder weniger als Luxusartikel zu bezeichnende Lebensmittel weitestgehend ausgeschaltet werden sollten, ist selbstverständlich. Aber auch an Gewürzen und an anderem ist zu sparen (s. Nr. 114), um dafür größere Mengen solcher Nahrungsmittel einführen zu können, die für die Allgemeinheit wichtig und unentbehrlich sind.

27. Kann Deutschland seine Lebensmittelerzeugung wesentlich steigern? Zweifellos ist dies durch eine rationellere Ausnutzung des deutschen Bodens, und zwar sowohl in der Landwirtschaft als auch im Gartenbau, möglich. Zum Beispiel läßt sich der Ertrag an Körnerfrüchten durch Vermehrung der Stickstoffzufuhr in Form von künstlich hergestellten stickstoffreichen Düngemitteln heben und mit Hilfe der Agrikulturwissenschaft vielleicht einmal so gestalten, daß Deutschland sein gesamtes Brotgetreide selbst zu erzeugen vermag. Es ist eine große Aufgabe der Wissenschaft und Praxis, Deutschland soweit als nur denkbar in seiner Ernährung vom Auslande unabhängig zu machen, da uns die letzten 10 Jahre gelehrt haben, wohin es führt, wenn wir durch kriegerische Maßnahmen unserer Feinde oder infolge des Verlangens unerschwinglicher Kriegskontributionen nicht in der Lage sind, die erforderlichen Nahrungsmittel aus dem Auslande einzuführen.

28. Was ist Vollmilch? Die chemische Zusammensetzung der natürlichen Milch ist aus verschiedenen Gründen erheblichen Schwankungen unterworfen. Unter „Voll milch" wird solche voll wer tige Kuhmilch verstanden, deren Fettgehalt den Vorschriften der Milchpolizeiverordnungen genügt, der nichts von ihren natürlichen Bestandteilen entzogen und der nichts hinzugesetzt worden ist, also vollwertige Milch in dem Zustande, wie sie von der Kuh kommt. Im allgemeinen enthält die Kuhmilch des Handels etwa 2,7—4,3% Fett, 3—4% Eiweißstoffe, 3,5—5,5% Milchzucker, 0,6—0,9% mineralische Stoffe und 86,0—89,5%

Wasser. Bei dem Wassergehalt ist zu bedenken, daß jeder Säugling und jedes Junge eines Säugetieres, solange es ausschließlich auf die Ernährung durch Milch angewiesen ist, ständig auch seinen Bedarf an Wasser durch die Milch decken muß. Übrigens enthält zum Vergleich ganz mageres Rindfleisch (schieres Muskelfleisch) im Durchschnitt 76,5% Wasser. Über pasteurisierte und sterilisierte Milch gibt Nr. 129 Aufschluß.

29. Was ist Kindermilch? Unter Kindermilch (Vorzugsmilch, Sanitätsmilch, Säuglingsmilch usw.) versteht man in normalen Zeiten, wenn der Milchbedarf der Bevölkerung voll gedeckt werden kann, eine besonders vollwertige natürliche Kuhmilch, die von solchen Tieren herrührt, deren Haltung und Gesundheitszustand besonderen Anforderungen genügt, und die sehr sauber gewonnen und nach dem Melken möglichst tief gekühlt ist.

30. Was ist Magermilch? Magermilch im weiten Sinne des Wortes sowie auch im Sinne der für den Erlaß von Milchpolizeiverordnungen geltenden Grundsätze ist jede magere Kuhmilch, deren Fettgehalt nicht den an Vollmilch zu stellenden Anforderungen genügt, der aber fremdartige Stoffe (z. B. Wasser) nicht zugesetzt worden sind. Demnach fällt unter den Begriff Magermilch sowohl natürliche im Fettgehalt minderwertige als auch mehr oder weniger stark entrahmte Kuhmilch. In den Verkehr gelangt im allgemeinen als Magermilch nur solche Kuhmilch, die soweit als möglich — gewöhnlich mit Hilfe von Zentrifugen —, und zwar bis auf etwa 0,1% Fett, entrahmt ist. Es ist jedoch nicht zu verkennen, daß sich in der Magermilch noch die Eiweißstoffe, der Milchzucker und die mineralischen Bestandteile der Milch befinden, und daß daher Magermilch immerhin ein recht beachtenswertes Nahrungsmittel darstellt. Sie eignet sich nicht nur zur Herstellung von Magerkäsen, sondern auch zur Bereitung von Backwaren verschiedener Art, Speisen, Suppen und Getränken. Bei der Säuglingsernährung hat sie allerdings auszuscheiden.

31. Was ist Sahne? Sahne nennt man den fettreichen Teil der Milch, der bei ihrem Stehenlassen von selbst aufrahmt, oder den man beim Entrahmen mit Hilfe der Zentrifuge neben Magermilch erhält. Im Verkehr unterscheidet man in normalen Zeiten zwischen Kaffeesahne und saurer Sahne, die im allgemeinen mindestens 10% Fett, und Schlagsahne, die mindestens 25% Fett enthalten soll. Sahne ist infolge ihres hohen Gehaltes an

Milchfett sowie an wichtigen Vitaminen und Phosphatiden ein sehr hochwertiges Nahrungsmittel; ihr Genuß ist aber — jedenfalls für gesunde Menschen — entbehrlich. Es genügt vollständig, Vollmilch zur Verfügung zu haben. Daher wird, wenn Milchnot herrscht, mit Recht die Herstellung von Sahne, abgesehen von der zur Bereitung von Butter bestimmten Sahne, verboten.

32. Was ist Buttermilch? Buttermilch ist die beim Verbuttern (s. Nr. 77) von Sahne neben Butter entstehende dickliche, meist noch mit kleinen Butterklümpchen durchsetzte Flüssigkeit. Buttermilch ist, ebenso wie Magermilch, ein recht beachtenswertes, leicht verdauliches Nahrungsmittel, das auch als diätetisches Lebensmittel bei gewissen Erkrankungen Verwendung findet.

33. Wie entsteht saure Milch? Die in den Milchdrüsen gesunder Tiere erzeugte Milch ist keimfrei. Aus der Luft fallen aber u. a. Milchsäurebakterien in die Milch, die sich sehr schnell vermehren und die hierbei einen Teil des Milchzuckers in Milchsäure umwandeln. Diese Säure verbindet sich chemisch mit dem im Käsestoff der Milch enthaltenen und seine Löslichkeit bedingenden Kalk, was die gallertartige Ausscheidung des Käsestoffs, das sog. „Gerinnen", „Zusammenlaufen", „Dickwerden" der Milch zur Folge hat. Während der Milchsäurebildung werden viele andere, namentlich die Eiweiß zersetzenden Bakterien, in ihrer Entwicklung gehemmt. Auf der dicken Milch bildet sich allmählich ein zarter weißer Rasen, der durch das Wachstum des Milchschimmels verursacht wird. Dieser Pilz verzehrt nunmehr die vorhandene Milchsäure, er entsäuert also langsam die dicke Milch sowie auch den etwa schon abgetrennten Käsestoff und ermöglicht so die Entwicklung der Käsepilze und anderer Kleinlebewesen. Da beim Kochen der Milch die Milchsäurebakterien vernichtet werden, verläuft die Zersetzung gekochter Milch anders. Daher stellt man saure Milch aus frischer Milch her. Je mehr Milchsäurebakterien in der Milch enthalten sind, und je wärmer die Temperatur des Raumes ist, in dem die Milch steht, um so schneller wird sie sauer. Eine besondere Art der sauren Milch ist der mit Hilfe des Maja-Fermentes gewonnene Yoghurt, der sich aber durch gewöhnliche saure Milch ersetzen läßt.

34. Was ist kondensierte Milch? Kondensierte Milch wird gewonnen, indem man im luftverdünnten Raum teils ohne Zusatz von Zucker, teils unter Zusatz von etwa 100—120 g Zucker auf

1 l Milch den Wassergehalt der Vollmilch weitgehend verdampft. Je nach dem Grade der Wasserverdunstung schwankt der Gehalt der kondensierten Milch an Nährstoffen. Die gezuckerte kondensierte Milch, die etwa 30—40% Rübenzucker enthält, ist naturgemäß entsprechend nahrhafter als ungezuckerte mit demselben Gehalt an Milchbestandteilen. Hinzu kommt, daß der Zucker konservierend wirkt, und daß daher gezuckerte Kondensmilch in der angebrochenen Dose geraume Zeit haltbar ist. Auch aus Magermilch wird mit und ohne Zucker kondensierte Milch hergestellt. Diese muß selbstverständlich als kondensierte „Magermilch" bezeichnet werden.

35. Was ist Milchpulver? Sowohl Vollmilch als auch Magermilch läßt sich nach verschiedenen Verfahren eintrocknen. Es gibt daher sowohl Vollmilchpulver als auch Magermilchpulver. Für den Haushalt wesentlich ist es, ob sich Milchpulver in Wasser vollständig „löst", ob es also mit Wasser eine der Milch ähnliche Emulsion bildet, und daß es beim Aufbewahren nicht einen unangenehmen Geruch und Geschmack bekommt. Gutes Milchpulver hat einen reinen Milchgeschmack und enthält nicht mehr als 4% Wasser. Steigt der Wassergehalt auf 6—7%, so wird das Pulver unter chemischer Veränderung der Kaseinteilchen (Bildung großer Komplexe) unlöslich; zugleich entwickeln peptonisierende Bakterien unangenehme Geschmacksstoffe. Milchpulver muß daher (zur Vermeidung der Aufnahme von Feuchtigkeit) in geschlossenen Büchsen oder Gläsern aufbewahrt werden. Ist Milchpulver infolge längerer Aufbewahrung mehr oder weniger unlöslich geworden, so ist es, sofern es noch nicht übel riecht, immerhin noch für die Herstellung von Backwaren und süßen Speisen brauchbar. In den letzten Jahren hat die Fabrikation von Milchpulver große Fortschritte gemacht; infolgedessen gelangen zur Zeit schon recht vollkommene Milchpulver in den Verkehr. Ihr Nährwert entspricht annähernd dem der Trockenmasse der Vollmilch bzw. der Magermilch, da gute Milchpulver nur wenige Prozente Wasser aufweisen. Um Milchpulver so wie Milch verwenden zu können, löst man 125 g Vollmilchpulver in 875 g Wasser oder 95 g Magermilchpulver in 905 g Wasser, bzw. man löst die angegebenen Milchpulvermengen in Wasser und füllt dann auf je 1 Liter mit Wasser auf.

36. Was ist Molke? Molke ist die bei der Käsebereitung nach dem Gerinnen der Milch sich abscheidende Flüssigkeit. Sie ent-

hält noch geringe Mengen von Eiweißstoffen, wechselnde Fettmengen sowie, namentlich bei der Labgerinnung (vgl. Nr. 43),
fast allen Milchzucker. Die Molke besitzt eine die Verdauung
fördernde Wirkung und wird deshalb zur Molkenkur verwendet.
Technisch gewinnt man aus der Molke den Milchzucker.

37. Was ist Emulsionsmilch? In der Zeit der größten
Milchnot ist hier und da aus ausländischem Magermilchpulver,
ungesalzener Butter und Wasser mit Hilfe besonderer Einrich-
tungen eine Emulsion so hergestellt worden, daß ihr Gehalt an
Milchbestandteilen etwa dem der Durchschnittsvollmilch ent-
sprach. Derartige Emulsionsmilch konnte im Haushalt an Stelle
von Vollmilch weitgehend Verwendung finden. Für die Ernährung
von Säuglingen mußte sie jedoch ausscheiden. Strafrechtlich ist
sie eine nachgemachte Milch; daher mußte sie besonders gekennzeichnet werden.

38. Was ist Kunstmilch? Wird bei der Herstellung von Emulsionsmilch (s. Nr. 37) an Stelle von ungesalzener Butter Speisefett
anderer Art oder irgendein Speiseöl verwendet (s. a. Nr. 48), so
bekommt man ein Erzeugnis, das sich zu der natürlichen Milch
etwa so wie Margarine zu Butter oder wie Margarinekäse zu einem
aus Vollmilch hergestellten Käse verhält. An Stelle von Magermilchpulver und Wasser wird auch Magermilch verarbeitet.
Kunstmilch ist aus verschiedenen Gründen im Verkehr nicht zu
dulden. Anders ist die sog. vegetabilische Milch, ein mit Hilfe
von Sojabohnen hergestelltes Getränk, zu beurteilen (s. a. Nr. 90).

39. Wird Milch durch Erhitzen nachteilig beeinflußt? Ja!
Beim Erhitzen erleidet die Milch nicht nur chemisch, sondern
auch anderweitig gewisse Veränderungen, indem z. B. Albumin
gerinnt und Enzyme unwirksam werden. Weiter werden hierbei
Schutzstoffe gegen Krankheiten zerstört. Wiederholtes län-
geres Erhitzen sogar nur auf solche Temperaturen, die unter der
Kochtemperatur liegen, ist insbesondere tunlichst zu vermeiden, da
es verschiedene wichtige Vitamine schwer zu schädigen vermag.
Infolgedessen ist gelegentlich bei Säuglingen nach ständigem
Genuß solcher Milch, die nach dem Soxhletschen Verfahren zu
lange erhitzt worden war, Barlowsche Krankheit oder Kinder-
skorbut beobachtet worden (s. a. Nr. 129). Rohe Tiermilch
muß lediglich zur Verhütung der Übertragung von Krankheitserregern verschiedener Art kurz abgekocht werden. Man wählt
hier also praktisch von zwei Übeln das kleinere!

**40. Wie erhält man Milch im Haushalt möglichst lange
frisch?** Es ist keine chemische Substanz bekannt, die imstande
wäre, die Milch frisch zu erhalten und vor dem Gerinnen (s. Nr. 33)
zu bewahren, ohne ihr zugleich gesundheitsgefährliche Eigenschaften zu verleihen. Das einzig empfehlenswerte Verfahren, um im
Haushalt die Milch vor dem Sauerwerden möglichst lange zu
schützen, ist: die Milch so frisch wie möglich kaufen, sofort nach
dem Ankaufen bis zum Aufwallen aufkochen und sie dann schnell
abgekühlt an einem kühlen Ort in einem Gefäß mit überfassendem Deckel, und zwar am besten ohne Umgießen in dem Gefäß,
das zum Aufkochen diente, aufbewahren. Milch, die kleineren
Kindern gegeben wird, sollte vor der Verabfolgung jedesmal erst
von einem Erwachsenen gekostet werden, um festzustellen, ob
sie nicht sauer oder bitter schmeckt. Ebenso wie Milch lassen
sich auch Suppen und andere fertige Speisen in einem Gefäß mit
überfassendem Deckel an einem kühlen Ort gut aufbewahren.
Sind jedoch Veränderungen im Geruch oder Geschmack wahrzunehmen, so werfe man die Lebensmittel weg.

41. Wie ist der Milchfälscher zu beurteilen? Wer Milch
wässert, verdünnt entsprechend dem Wasserzusatz sämtliche
Nährstoffe der Milch. Infolgedessen wird der Käufer nicht nur
finanziell, sondern zugleich in seiner Ernährung und dadurch
mittelbar auch in seiner Gesundheit geschädigt. Denn nur ein
kleiner Prozentsatz der Bevölkerung ist noch in der Lage, mehr Nahrung zu sich zu nehmen, als er nötig hat; ein sehr großer Prozentsatz
kann bereits nicht mehr genügend ernährt werden. Besonders gefährlich ist die Milchwässerung für den Säugling, da dieser ausschließlich auf den Genuß von Milch angewiesen ist, und ihm die Mutter
je nach seinem Lebensalter die Kuhmilch ohnehin mehr oder
weniger verdünnt, ohne zu ahnen, daß der Milchfälscher ihr bereits eine verdünnte Milch geliefert hat. Jemand, der aus Gewinnsucht Milch wässert und weiß, daß sie für hilflose Säuglinge bestimmt ist, steht demnach nicht nur mit dem Betrüger auf einer
Stufe, sondern er ist außerdem ein gewissenloser Mensch, der
die Gesundheit und Entwicklung der hilflosesten Lebewesen
bewußt schwer gefährdet. Aber auch der Fälscher, der nicht
mit Wasser arbeitet, sondern es vorzieht, der Milch Fett zu
entnehmen (sie mehr oder weniger zu entrahmen), um sich
aus Gewinnsucht auf Kosten anderer Butter herzustellen, schädigt
die Ernährung und somit auch die Gesundheit seiner Mitmenschen;

auch er gefährdet den Säugling schwer, zumal mit dem Fett auch noch andere Stoffe (wichtige Vitamine und Phosphatide) der Milch entzogen werden. Z u s ä t z e v o n E m u l s i o n s m i l c h (s. Nr. 37) und K u n s t m i l c h (s. Nr. 38) zur Vollmilch sind ebenfalls verwerflich. Aber selbst hohe Milchpreise und hohe Strafen haben die Milchfälscher bisher noch nicht dazu veranlaßt, ehrlich zu werden.

42. Kann Kuhmilch oder andere Tiermilch die Muttermilch wirklich ersetzen? Keinesfalls! Frauenmilch sowie jede Tiermilch entspricht in ihrer Zusammensetzung den Bedürfnissen des jungen Wesens, für das sie bestimmt ist. Schon die Geschwindigkeit des Wachstums der ausschließlich noch auf den Milchgenuß angewiesenen jungen Lebewesen ist bekanntlich ganz verschieden. Dem trägt bereits die allgemeine chemische Zusammensetzung der verschiedenen Milcharten, die recht verschieden ist, Rechnung. Weiter ist der Verdauungsapparat der Wiederkäuer ganz anders gestaltet wie der des Menschen und der übrigen Säugetiere. Da außerdem auch das Körpereiweiß und das Eiweiß der Milch der verschiedenen Säugetiere chemisch verschieden zusammengesetzt ist, und da dieselbe Beobachtung auch hinsichtlich der Fette, der mineralischen Stoffe usw. zu machen ist, kann weder chemisch noch anderweitig Kuhmilch und andere Tiermilch der Frauenmilch weitgehend ähnlich oder gar gleich gestaltet werden. E s g i b t d e m n a c h k e i n v o l l w e r t i g e s E r s a t z m i t t e l d e r M u t t e r m i l c h. Jede gesunde Mutter, die ihren Säugling stillen, wenn auch n u r t e i l w e i s e mit ihrer eigenen Milch ernähren kann, handelt unverantwortlich, wenn sie dies nicht tut, weil aus den angegebenen Gründen der Säugling nicht nur ganz anders gedeiht, sondern zugleich gegen Erkrankungen verschiedener Art weit widerstandsfähiger wird, wenn er natürlich, d. h. mit Muttermilch, ernährt wird. Kommt etwa der Pferdezüchter auf den Gedanken, das Fohlen mit Kuhmilch aufzuziehen, um die Stute zu entlasten? Was würde dann aus der deutschen Pferdezucht werden? Mütter, versündigt euch nicht an euren Kindern und am deutschen Volk! (Vgl. im übrigen Nr. 136.)

43. Was ist Käse? Käse ist das aus Vollmilch, aus Rahm, aus teilweise oder aus vollständig entrahmter Milch oder aus Gemischen dieser Flüssigkeiten durch Lab (einen Auszug aus der sorgfältig abpräparierten Schleimhaut des Labmagens junger Kälber) oder durch Säuerung (Milchsäuregärung s. Nr. 33) abgeschiedene Gemenge aus Eiweißstoffen, Milchfett und sonstigen Milchbestandteilen, das meist gepreßt, geformt und gesalzen, gelegentlich auch mit Gewürzen versetzt wird und entweder frisch oder auf verschiedenen Stufen der Reifung zum Genuß bestimmt ist. Je nach dem Ursprung der Milch unterscheidet man Kuhkäse, Schafkäse, Ziegenkäse usw. Die Unterscheidung nach dem Fettgehalt ergibt sich aus Nr. 44—47. Weiter spricht man von Labkäse und Sauermilchkäse, nach der Konsistenz von Hart- und Weichkäse, nach der Herstellungsart oder dem Herstellungsort z. B. von Schweizer-, Emmenthaler-, Tilsiter-, Camembert-, Roquefort- und Gorgonzola-Käse.

44. Was ist Fettkäse oder vollfetter Käse? Vollfetter Käse, auch schlechthin Fettkäse genannt, wird aus Vollmilch hergestellt. Mithin beträgt sein Fettgehalt mindestens 40% seines Gesamtgehaltes an festen Stoffen (also der Trockenmasse, die nach vollständiger Verdunstung des Wassers hinterbleibt). Je höher der Fettgehalt der Trockenmasse ist, um so größer ist der Nährwert, um so besser — bei sonst einwandfreier Beschaffenheit — der Geschmack des Käses. Die jetzt vielfach anzutreffende Kennzeichnung „40% Fett" oder „40% Fett i. Tr." bringt demnach zum Ausdruck, daß es sich um einen aus Vollmilch hergestellten Käse handeln soll.

45. Was ist halbfetter Käse? Halbfetter Käse wird aus sog. Halbmilch, einem Gemisch gleicher Teile Vollmilch und entrahmter Milch, gewonnen. Infolgedessen soll sein Fettgehalt in der Trockenmasse (s. Nr. 44) mindestens 20% betragen. Halbfetter Käse ist z. B. Limburger- und Parmesankäse.

46. Was ist Magerkäse? Magerkäse wird aus Magermilch (fast vollständig entrahmter Milch) gewonnen. Infolgedessen enthält er in der Trockenmasse (s. Nr. 44) weniger als 10% Fett. Magerkäse sind z. B. Harzer-, Mainzer-, Kräuter- und Backstein-Käse; sie sind immerhin eiweißreiche Volksnahrungsmittel.

47. Was ist Rahmkäse? Rahmkäse oder Sahnekäse wird aus Gemischen von Vollmilch und Sahne hergestellt. Sein Fettgehalt in der Trockenmasse (s. Nr. 44) soll daher mindestens 50% betragen. Ein Rahmkäse ist z. B. der Gervaiskäse. Für die Volksernährung ist Rahmkäse nicht erforderlich. Rahmkäse sind somit Luxuskäse.

48. Was ist Margarinekäse? Margarinekäse sind käseartige Zubereitungen, deren Fettgehalt nicht oder nicht ausschließlich der Milch entstammt. Man gewinnt sie, indem man Oleomargarin

(s. Nr. 79) in Magermilch fein verteilt (emulgiert), also Kunstmilch (s. Nr. 38) herstellt und diese dann verkäst.

49. Ist fettes oder mageres Fleisch am nahrhaftesten? Da
schieres (ganz mageres) Muskelfleisch etwa 76,5% Wasser enthält, während das Fettgewebe nur etwa 12% Wasser aufweist,
und da weiter das Fett den höchsten kalorischen Wert hat
(s. Nr. 11), ergibt sich, daß der Nährwert des Fleisches um so größer
ist, je fettreicher das Fleisch ist (vgl. hierzu auch die Tabelle
unter Nr. 18). Fettes Fleisch verwende man besonders beim
Kochen von Gemüsen und Hülsenfrüchten. Allerdings bekommt
manchem mageres Fleisch besser als fettes.

50. Welche Veränderungen erleidet Fleisch beim Kochen?
Wird Fleisch mit kaltem Wasser übergossen, alsdann langsam
bis zum Kochen erhitzt und darauf einige Zeit im Kochen erhalten, so tritt etwas ganz anderes ein, als wenn Fleisch in bereits
kochendes Wasser gelegt wird. Denn im ersteren Fall bringt
das kalte Wasser flüssigen Fleischsaft und damit auch Proteine
in Lösung, die sich beim Kochen zum Teil in Form von Schaum
auf der Fleischbrühe ansammeln und dann als Gerinnsel zu
Boden setzen. Im anderen Falle gerinnt jedoch das Eiweiß in
der Außenschicht des Fleisches und bildet so eine undurchlässige
Hülle für die inneren Fleischteile, wodurch ein Auslaugen des
Fleisches in dem kochenden Wasser weitgehend vermieden wird.
Daher bleibt dieses Fleisch im Innern mehr oder weniger saftig.
Will man demnach eine kräftige Fleischbrühe herstellen, so
setzt man das Fleisch mit kaltem Wasser an; soll aber das Fleisch
saftig bleiben, so bereitet man es nach dem zweiten Verfahren zu.
Verfehlt ist es, beim Kochen von Fleisch den Schaum zu entfernen oder demnächst das Eiweißgerinnsel, das sich in der nicht
abgeschäumten Fleischbrühe unten abgesetzt hat, nicht zu
genießen, da es wertvoll ist. Infolge der Abgabe von Proteinen,
Bindegewebe, Fett, Fleischbasen, Salzen und auch von Wasser
erleidet Fleisch beim Kochen einen beträchtlichen Gewichts-
verlust. Fleischbrühe ist trotzdem vornehmlich ein Genuß-, also
nicht ein Nahrungsmittel.

51. Ist das Braten des Fleisches ökonomisch? Gebratenes
Fleisch ist im allgemeinen beliebter als gekochtes; sein Wohlgeschmack wird insbesondere dadurch hervorgerufen, daß es den
vollen Fleischsaft einschließt. Andererseits ist aber nicht zu
verkennen, daß beim Braten (beim Entstehen der Kruste)

Eiweißstoffe und Fett zerstört werden. Wirtschaftlicher ist daher das Kochen und Dünsten, wobei nichts an Nährstoffen verlorengeht, da das, was hierbei an Nährstoffen ausgezogen wird, der Fleischbrühe, dem Gemüse usw. zugute kommt und so zugleich die gesamte Nahrung schmackhafter macht. Je schmackhafter aber die Nahrung ist, um so bekömmlicher ist sie.

52. Lohnt es sich, Knochen zu kaufen? Die chemische Zusammensetzung der Knochen schwankt. In den für die Küche in Betracht kommenden Knochen sind neben mineralischen Stoffen wesentliche Mengen von Proteinen und etwa 10—20% Fett enthalten. Knochenmark besteht sogar zu fast 85% aus Fett. Mit Knochen lassen sich daher kräftig schmeckende und fetthaltige Brühen herstellen. Sie ermöglichen es somit, an Fleisch, namentlich bei der Zubereitung von Leguminosen (Hülsenfrüchten), Gemüsen und Suppen, zu sparen. Durch Zusatz guter Suppenwürze kann der Geschmack der Knochenbrühe noch wesentlich gehoben werden. Ein Knochenmesser (nach Dr. Hedwig Heyl) gestattet, die Knochen klein zu spalten. Die gespaltenen Knochen können dann vor dem Kochen zunächst in Fett braun gebraten werden.

53. Was geht beim Einsalzen, Pökeln und Räuchern vor sich? Beim Einsalzen, besonders von Rindfleisch, werden die Fleischstücke mit Kochsalz oder einem Gemisch aus Kochsalz und etwas Salpeter sowie auch etwas Zucker eingerieben und unter Bestreuen mit weiterem Salz in Fässern übereinandergeschichtet. Das im Fleischsaft enthaltene Wasser löst alsdann allmählich das Salz, tritt unter dem Druck der Stücke aus und bildet die Lake. Beim Pökeln werden die Fleischstücke, besonders Schweinefleisch, in die fertige Salzlösung (etwa 15—25 proz.) gelegt, der ebenfalls etwas Salpeter sowie vielfach auch etwas Zucker zugesetzt wird. Beim Einsalzen und Pökeln geht teils Kochsalz in das Fleisch über, teils treten außer Wasser auch organische und mineralische Stoffe (Proteine und Fleischsalze) aus dem Fleisch aus, indem sie infolge osmotischer Vorgänge in die Lake übergehen. Je länger Fleisch gesalzen oder gepökelt wird, um so mehr verliert es an den genannten Nährstoffen. Beim Pökeln in Lake ist der Verlust weit größer als beim Einlegen in Salz. Während des Einsalzens wird Kaliumnitrat (Salpeter) zu Nitrit reduziert, das mit dem Blutfarbstoff bei Anwesenheit von Sauerstoff (Luft) Stickoxydhämoglobin bildet. Aus diesem entsteht beim Kochen des gepökelten Fleisches das karminrote beständige Stickoxydhämochromogen (die Salzungsröte). Daher sieht Pökelfleisch nach dem Kochen anders wie frisches Fleisch, und zwar mehr oder weniger karminrot statt grau aus. Gesalzenes Fleisch (auch als Wurst) wird vielfach mit Hilfe von Laubholz, insbesondere Buchenholz, (unbrauchbar ist Nadelholz) geräuchert, wobei eine sehr starke Eintrocknung stattfindet, und wodurch das Fleisch infolge der Aufnahme von konservierend wirkenden Rauchprodukten haltbarer wird. Außerdem erhält es einen angenehmen Rauchgeschmack. Es gibt auch eine sog. Schnellräucherei, bei der die gesalzenen Fleischwaren zunächst außen mit rohem Holzessig bestrichen und dann getrocknet werden, jedoch wird hierbei nicht ein so feiner Rauchgeschmack erhalten wie bei der Anwendung von Rauch. Über das Räuchern von Fischen befinden sich Angaben unter Nr. 71.

54. Haben die für den allgemeinen Konsum bestimmten Wurstwaren volkswirtschaftlich eine Bedeutung? Zweifellos! Die Wurstfabrikation gestattet es, alle zum menschlichen Genuß geeigneten Teile der Schlachttiere restlos unter Zusatz von Salz, Gewürzen usw. auf wohlfeile, schmackhafte, nahrhafte und ohne weiteres genußfertige Zubereitungen zu verarbeiten. Infolgedessen werden in Zeiten der Not aus dem Auslande möglichst viele verhältnismäßig billige Teile von Schlachttieren (z. B. Lebern, Herzen und Backen) eingeführt, die dort in den großen, für die Fleischausfuhr bestimmten Schlachthäusern anfallen und bei uns preiswerte Konsumwurstwaren liefern. Denn in solchen Zeiten muß naturgemäß der Verbrauch an Muskelfleisch weitgehend eingeschränkt werden. Voraussetzung für die Brauchbarkeit der Wurstwaren ist selbstverständlich ihre einwandfreie Herstellung. Verfälschungen — z. B. durch Zusatz von nichtgenußtauglichen oder gar ekelerregenden Teilen des tierischen Körpers, von Mehlbrei usw. — müssen daher energisch verfolgt werden.

55. Was ist Gefrierfleisch? Während es Länder gibt, die ihren Fleischbedarf selbst nicht zu decken vermögen, gibt es andere — z. B. Argentinien, Uruguay, Süd-Brasilien, Neuseeland und Australien —, die weit mehr Fleisch produzieren, als sie selbst verbrauchen. Aus derartigen Überschußgebieten gelangt nicht nur lebendes Vieh, sondern auch Fleisch zur Ausfuhr, das man zum Zwecke der Frischerhaltung u. a. gefrieren läßt und alsdann in Schiffen mit entsprechenden Gefrierräumen zum Versande bringt. Insbesondere kommt für die Ausfuhr von hochwertigem Gefrierfleisch Argentinien mit seinen guten Weiden, von deren Größe man sich bei uns keine Vorstellung machen kann, und seinem prächtigen Rindvieh in Betracht. Dort entfallen auf 100 Einwohner 400, in Deutschland hingegen nur 26 Rinder. Auch Schweine- und Hammelfleisch wird in gefrorenem Zustande eingeführt. Beim Einfrieren von Fleisch in bewegter kalter Luft von etwa —8 bis —10° C tritt Wasser mit einem Teil der Fleischsalze durch die Hülle der Muskelzelle hindurch, sammelt sich zwischen den Muskelbündeln und gefriert dort. Dabei dehnt es sich aus und treibt so die Muskelbündel der Länge nach auseinander. Zugleich werden die quer zwischen den Muskelbündeln verlaufenden Bindegewebefasern teilweise zerrissen. In diesem Zustande verharrt das Fleisch, solange es gefroren ist. Beim Auftauen wird die ursprüngliche Wasserverteilung nicht vollständig wieder hergestellt; die früher prallelastische Muskelfaser ist schlaff geworden. Daher ist Gefrierfleisch nach dem Auftauen mehr oder weniger teigig und leichter der Fäulnis zugänglich. Läßt man Gefrierfleisch im Eisschrank auftauen und liegen, so ist es doppelt so lange Zeit haltbar, als wenn es bei Zimmertemperatur auftaut. Das zur Einfuhr gelangende Gefrierfleisch ist ein hochwertiges Fleisch.

56. Was ist bei der Zubereitung von Gefrierfleisch zu beachten? Das Auftauen des Gefrierfleisches soll langsam in ganzen Stücken erfolgen, wobei die Oberfläche des Fleisches trocken bleibt. Für das Auftauen sind insbesondere die in allen größeren deutschen Städten vorhandenen Kühlräume geeignet. Daher sollte im Verkehr grundsätzlich davon abgesehen werden, das Zerteilen des Gefrierfleisches vor dem völligen Auftauen vorzunehmen. Aufgetautes Gefrierfleisch ist bis zum Verbrauch möglichst kühl aufzubewahren. Die für die Hausfrau in Betracht kommenden Teile sollen alsbald verbraucht werden, weil Gefrierfleisch aus den unter Nr. 55 angegebenen Gründen leichter als frisches Fleisch in Fäulnis übergeht. Gefrierfleisch kann weitestgehend an Stelle von frischem Fleisch bei der Zubereitung von Fleischspeisen Verwendung finden. Um es im Innern saftig zu erhalten, wird es mit kochendem Wasser angesetzt (s. Nr. 50), wodurch der Austritt von Fleischsaft verhindert wird. Der Fleischsaft, der sich etwa im Aufbewahrungsgefäß angesammelt hat, wird der Suppe oder Soße zugesetzt, damit die in ihm enthaltenen Nähr- und Geschmacksstoffe nicht verlorengehen.

Denn er enthält noch etwa 9,5% lösliche Eiweißstoffe, 1% Fleischsalze sowie andere Fleischbestandteile. Erprobte Vorschriften für die Zubereitung des Gefrierfleisches befinden sich in dem von der Fleisch-Einfuhr-Gesellschaft in Hamburg herausgegebenen „Kochbuch für Gefrierfleisch und Corned beef".

57. Ist Gefrierfleisch geringwertiger als frisches Fleisch? Gefrierfleisch ist aus den unter Nr. 55 und Nr. 56 angegebenen Gründen zwar im Interesse der Verbraucher im Verkehr als solches zu kennzeichnen, jedoch ist es als Lebensmittel hinsichtlich seines Nährwertes nicht etwa minderwertiger als frisches Fleisch. Denn die in Argentinien und Süd-Brasilien zur Schlachtung gelangenden Rinder sind, da dort kein Futtermangel herrscht, im allgemeinen sogar besser genährt als die heute bei uns zur Schlachtung gelangenden Tiere. Die Kälte vernichtet keine Nährstoffe, auch keine Vitamine; das Fleisch verliert beim Einfrieren und Lagern lediglich einen Teil seines Wassergehaltes (in 6 Monaten etwa 6—7%) durch Verdunstung, wobei der Nährstoffgehalt des Gefrierfleisches sogar entsprechend konzentrierter wird. Die Hausfrau, die 1 kg Gefrierfleisch kauft, bringt demnach an Nährstoffen 60—70 g mehr nach Hause, als wenn sie frisches Fleisch gekauft hätte, ganz abgesehen davon, daß das ausländische Gefrierfleisch in der Regel sehr fett ist (vgl. Nr. 55). Ein etwaiger Saftverlust läßt sich durch sachgemäßes Auftauen sowie durch Verwendung des Saftes gemäß Nr. 56 vermeiden. Bei zu langem Lagern kann zwar der Geschmack des Gefrierfleisches leiden, jedoch spielt dies in der Praxis keine Rolle, da das Gefrierfleisch bis zum Verbrauch höchstens 9 Monate alt wird. Während und namentlich bald nach Beendigung des Krieges ist allerdings gelegentlich unzweckmäßig behandeltes sowie auch altes Gefrierfleisch (aus den Heeresbeständen unserer Feinde) in den Verkehr gelangt, was zur Folge hatte, daß allmählich Vorurteile gegen Gefrierfleisch aufkamen; diese sind jedoch jetzt im Hinblick auf die Entwicklung der Gefrierfleischindustrie, die Art der Lagerung in deutschen Kühlhäusern und die weitere sachgemäße gewerbliche Behandlung auf Grund der inzwischen gesammelten Erfahrungen nicht mehr berechtigt.

58. Was ist Corned beef? Kommt außer gutem auch gestrecktes Corned beef vor? Corned beef, d. h. gepökeltes Rindfleisch, wird in Amerika und Australien im allgemeinen aus dem Fleisch der ganzen, gut gemästeten Rinder gewonnen. Das Fleisch wird zunächst in Stücken gepökelt, dann halb gar gekocht und in die bekannten Blechdosen gepreßt, in denen die Zwischenräume mit Brühe ausgegossen werden. Nach dem Verschließen werden die Dosen sterilisiert (s. Nr. 129), wobei das Pökelfleisch zugleich gar gekocht wird. Infolge des Kochens ist das Bindegewebe gelatiniert, wodurch der ganze Doseninhalt eine zusammenhängende Masse bildet. Über die vielseitigen Verwendungsmöglichkeiten des Corned beefs gibt das von der Fleisch-Einfuhr-Gesellschaft in Hamburg herausgegebene „Kochbuch für Gefrierfleisch und Corned beef" (s. Nr. 56) Aufschluß.

In neuerer Zeit ist aber auch gehacktes Corned beef (Corned beef hash) im Verkehr beobachtet worden, das zu 25—50% aus Kartoffeln bestand. Derartige Zubereitungen sind abzulehnen, selbst wenn sie wesentlich billiger als wirkliches Corned beef verkauft werden und der Kartoffelzusatz gekennzeichnet wird. Denn es läßt sich nicht rechtfertigen, in dieser Form Kartoffeln einzuführen und so ausländische Kartoffeln durch Fracht, Zoll, Zubereitung, Dosenpackung usw. zu verteuern, ganz abgesehen davon, daß wir Kartoffeln genug haben und uns unseren Hackbraten in der Küche selbst strecken können.

59. Sind Vorurteile gegen Pferdefleisch und Pferdefett sowie Ziegenfleisch und Ziegenfett berechtigt? Keineswegs! Die genannten Fleisch- und Fettsorten stehen in ihrem Nährwert dem Rindfleisch mit entsprechendem Fettgehalt sowie dem Rinderfett nicht nach. Wenn auch die Konsistenz des Pferdefettes eine andere wie die des Rinderfettes ist, so kann es dennoch ohne weiteres an Stelle von Rinderfett Verwendung finden.

60. Ist das Fleisch von zahmen und wilden Kaninchen ebenso nahrhaft wie Hasenfleisch und anderes Fleisch? Hasenfleisch ist sehr mager, noch magerer als Rindfleisch. Daher wird der Hase beim Braten gespickt. Das Fleisch von wilden Kaninchen, das häufig sehr wohlfeil auf den Markt kommt, ist nicht nur recht schmackhaft, sondern in der Regel — je nach der Jahreszeit — schon fetter als Hasenfleisch. Sehr nahrhaft, weil sehr fett (s. Nr. 11) ist das Fleisch von gut genährten (fetten) zahmen Kaninchen, das etwa 14% Fett neben 21% Proteinen aufweist, während die entsprechenden Zahlen beim Hasenfleisch etwa 1% und 23% sind. Dabei schmeckt das Fleisch von zahmen Kaninchen in verschiedenen Zubereitungen recht gut. Allerdings muß beim Ausweiden sorgfältig darauf geachtet werden, daß die

Blase nicht verletzt wird, weil sonst das Fleisch einen unangenehmen Geschmack bekommt. Also: weg mit den Vorurteilen gegen
Kaninchenfleisch!

**61. Warum sollte man rohes Fleisch nicht ohne weiteres
genießen?** Möchte man gelegentlich rohes Fleisch genießen, so
muß man jedenfalls die Gewähr haben, daß das Tier, von dem
das Fleisch herrührt, sowie auch das Fleisch als solches gemäß
den veterinärpolizeilichen Vorschriften sorgfältig untersucht worden ist. Denn enthält Fleisch z. B. Trichinen, so können alsbald schwere Infektionen mit oft tödlichem Ausgange eintreten.
Weiter sind die Finnen des Fleisches Entwicklungsstadien
menschlicher Bandwürmer, die u. a. Verdauungsstörungen und
sogar Blutarmut zu verursachen vermögen. Aber auch mit
solchen Kleinlebewesen, die schwere Erkrankungen hervorrufen können (z. B. Paratyphusbakterien), sowie mit giftigen
Stoffwechselprodukten von Bakterien kann rohes Fleisch be-
haftet sein (vgl. hierzu den Abschnitt Nr. 62 „Was versteht
man unter Fleischvergiftung?“).

62. Was versteht man unter Fleischvergiftung? Nicht selten
liest man in Zeitungen, daß an einem Ort eine größere Zahl von
Menschen gleichzeitig an schwerem Brechdurchfall erkrankt,
z. T. auch gestorben sei, und daß die Nachforschungen als Ursache
der Massenerkrankungen den Genuß von Fleisch aus einer bestimmten Quelle ergeben hätten. In der Regel stellt sich dann
weiter heraus, daß das Fleisch von einem an Eiterungen, Darm-
katarrh, allgemeiner Blutvergiftung oder sonstwie erkrankten
und deshalb notgeschlachteten Tier herstammte. Die Krankheit des Tieres war durch Bakterien bestimmter Art hervorgerufen, die sich im ganzen Körper des Tieres verbreitet hatten,
beim Genuß des Fleisches dann in den Darmkanal des Menschen
gelangt waren und so auch diesen krank gemacht hatten. Es
ist klar, daß nur eine gründlich und sehr genau durchgeführte
Fleischbeschau, die manchen Ortes jetzt schon durch die bak-
teriologische Untersuchung des Fleisches in verdächtigen Fällen
ergänzt wird, gegen solche Gefahren schützen kann. Nach dieser
Richtung bestehen aber noch vielfach, namentlich in kleinen
Städten ohne Schlachthaus und auf dem Lande, Mängel. Der
Genuß von rohem oder mangelhaft durchgekochtem oder durchgebratenem Fleisch ist besonders gefährlich, weil in ihm die
krankheitserregenden Bakterien am Leben bleiben, während sie

bei hinreichendem Erhitzen absterben. Man sollte es sich zur Regel machen, Fleisch nur in gut durchgebratenem oder durchgekochtem Zustande zu essen. Allerdings schützt auch das nicht völlig sicher, weil durch das Erhitzen die Stoffwechselprodukte der Bakterien, die zuvor im Fleisch wucherten, nicht immer unschädlich gemacht werden und dann doch noch Erkrankungen verursachen können.

Gelegentlich wird auch Fleisch ganz gesunder Schlachttiere erst nach der Schlachtung mit derartigen Bakterien dadurch verschmutzt, daß beim Zerlegen des Fleisches beschäftigte Personen die Bakterien als sog. Dauerträger im Darm beherbergen und sie infolge unreinlichen Verhaltens mit den Händen auf das Fleisch übertragen. Erst wenn sie so Verbraucher gefährden, werden solche Bakterienträger entdeckt und dann durch die Gesundheitsbehörden aus ihrem Berufe entfernt. Gegen die durch sie drohenden Gefahren kann sich der einzelne wiederum nur dadurch sichern, daß er Fleisch in gehörig durchgebratenem oder durchgekochtem Zustande genießt.

Eine glücklicherweise seltene, aber sehr schwere, ab und zu sogar tödliche Vergiftung, die mit Lähmungen der Augenmuskeln, Schluckmuskeln usw. einhergeht, kann durch den Genuß schlecht durchgepökelten oder durchgeräucherten Fleisches, aber auch durch den Genuß nicht völlig keimfreier Konserven entstehen. Es handelt sich bei ihr um die Wirkung der Giftstoffe von Bakterien, die in solchen unzureichend konservierten Nahrungsmitteln wuchern. Man entgeht der Gefahr, indem man sich des Genusses aller dem Auge, der Nase oder der Zunge nicht ganz normal erscheinender Konserven (also z. B. der aufgetriebenen Konservendosen und aufgesprungenen Weckgläser!) enthält. Erneutes Kochen der konservierten Nahrungsmittel beseitigt ihre Gefährlichkeit n i c h t! (s. a. Nr. 131!).

63. Können Pilze Fleisch ersetzen? Nein! Der Nährwert der Pilze entspricht etwa dem der Gemüse, aber nicht dem des Fleisches. Pilze enthalten etwa 90% Wasser, 0,3% Fett, 3—5% Stickstoffverbindungen und 4—6% Kohlenhydrate, während mittelfettes Rindfleisch etwa 70% Wasser, 7% Fett, 20% Proteine und 0,4% Kohlenhydrate aufweist. Die stickstoffhaltigen Stoffe der Pilze entsprechen nicht den Fleischeiweißstoffen und können diese bei weitem nicht ersetzen, ganz abgesehen davon, daß die Pilze nicht leicht verdaulich sind und daher hinreichend zerkleinert werden sollten (z. B. mit der Fleischhackmaschine), auch wenn getrocknete Pilze verarbeitet werden. Beachtenswert, zum Teil sogar recht bedeutend ist aber der Genußwert der Pilze (z. B. der Trüffeln, Champignons, Steinpilze, Pfifferlinge und Morcheln). Hieraus erklärt sich ihre Beliebtheit als Lebensmittel, insbesondere als Zusatz zu vielen Speisen und Soßen. Da jedoch immer wieder Pilzvergiftungen vorkommen, wird auf Abschnitt Nr. 65 „Wie erkennt man giftige und ungiftige Pilze?" nachdrücklich hingewiesen.

64. Empfiehlt es sich, Pilze zu trocknen? Ja, insbesondere in pilzreichen Gegenden sollte man von diesem Verfahren der Konservierung der Pilze ausgiebig Gebrauch machen! Hierbei ist zu beachten, daß manche Blätterpilze beim Trocknen sehr zähe werden, während sich fast alle Röhrenpilzarten (z. B. der Stein-, Birken-, Maronen-, Butter-, Sand-, Kuhpilz usw.) hierfür vorzüglich eignen. Allerdings darf nur der Pilze sammeln, der sie genau kennt (s. Nr. 63 und 65).

65. Wie erkennt man giftige und ungiftige Pilze?
I. Prof. Dr. G. Lindau hat hierzu ausgeführt (vgl. „Volkswohlfahrt" 1920, S. 97):

„1. Man nehme nur frische und möglichst junge Exemplare, namentlich vermeide man alle von Maden angefressenen, fauligen und schmierigen Exemplare. Die fauligen Exemplare sind meist von Bakterien zerstört und enthalten eine Menge von Substanzen, die ursprünglich nicht im normalen Pilze vorhanden sind, aber giftig wirken.

2. Die äußerlich dem Champignon ähnlichen Pilze, die weiße Lamellen haben und behalten, sind giftig (Knollenblätterschwämme).

3. Die mit rötlich gefärbten Poren versehenen Pilze, deren Stiel eine rötlich netzartige Zeichnung trägt, und deren Fleisch sich beim Brechen schnell an der Luft blau färbt, sind zu vermeiden, während die mit weißen, bräunlichen oder gelben Poren versehenen eßbar sind (Steinpilze und andere Boletusarten). Die auf Stämmen wachsenden Polyporusarten, welche Hüte in großer Zahl besitzen, sind eßbar, wenn sie nicht hart oder lederig sind (Eichhase, Schafeuter).

4. Sämtliche weißen oder sich verfärbende Milch abgebenden Pilze sind, sobald die Milch nicht scharf schmeckt und der Hut nicht behaart ist, eßbar. Besonders der echte Reizker ist eßbar,

der rötliches Fleisch besitzt und rötliche, sich schnell grünlich verfärbende Milch hat.

5. Sämtliche Pilze mit rotem oder grünem Hut und fortdauernd weiß bleibenden Lamellen sind besser zu vermeiden (Täublinge).

6. Diejenigen Pilze sind eßbar, welche statt der Lamellen Stacheln oder Wülste besitzen und keinen üblen Geruch haben (Stoppelpilze und Pfifferlinge).

7. Alle nicht in Hutform, sondern in Form von Stäben oder verflochtenen, dickeren, krausen Häuten wachsenden Pilze sind eßbar (Keulenschwämme, Glucke).

8. Die knolligen, meist unterirdisch wachsenden Pilze sind eßbar, wenn sie außen dunkel, nicht weiß gefärbt und im Innern eine braune oder schwarze, nicht grüne Farbe besitzen. (Eßbar sind die Trüffeln, nicht eßbar im älteren Zustande die in der Jugend weiß, dann im Innern grün gefärbten Staubpilze.)

9. Eßbar sind die nicht faulenden, stark nach Zwiebeln riechenden kleineren Pilze von etwas über 1 cm Durchmesser und hohem Stiel (Lauchpilze, Kröslinge).

10. Die Lorcheln und Morcheln sind eßbar, sobald das Wasser, worin sie gekocht sind, weggegossen wird.

11. In zweifelhaften Fällen lasse man die Pilze von einem Kenner untersuchen und esse die Pilze erst, wenn sie als ungiftig erkannt sind."

II. Man beschaffe sich das vom Reichsgesundheitsamt bearbeitete und im Verlag von Julius Springer in Berlin erschienene, mit farbigen Abbildungen versehene sehr billige Pilzmerkblatt, das die wichtigsten eßbaren und schädlichen Pilze behandelt.

III. Zu den Giftpilzen gehören insbesondere: der grüne, der gelbe und der weiße Knollenblätterschwamm, der gewöhnliche und der braune Fliegenpilz, der Pantherpilz, der eingesenkte Wulstling, der Satanspilz, der Wolfsröhrling, der Tiger-Ritterling, der betropfte und der Schwefelritterling (letzterer ein Doppelgänger des Grünlings), der ziegelrote Rißpilz, der Riesenrötling, der grubige Milchling, der Kartoffelbovist, der Kronenbecherling und die Speiselorchel, letztere, wenn nicht das Kochwasser vor dem Genuß abgegossen wurde und unter Umständen auch dann noch beim Verzehren großer Mengen. Da sich die Giftpilze im allgemeinen durch Wohlgeschmack auszeichnen, ist schon deswegen größte Vorsicht geboten!

66. Gibt es Fleischersatz? Alles, was bisher unter der Angabe „Fleischersatz" — namentlich während des letzten Krieges — in den Verkehr gelangt ist, war nicht geeignet, Fleisch in seinen wesentlichsten Eigenschaften zu ersetzen. Es handelte sich in der Regel um Gemische aus Hülsenfrüchten und Getreide, die mehr oder weniger gewürzt waren und bei bestimmungsgemäßer Zubereitung unter Zusatz von Fett dem Hackbraten ähnliche Speisen liefern sollten. Derartige Präparate sind sowohl vom Standpunkt der Ernährungswissenschaft als auch einer soliden Wirtschaft nicht existenzberechtigt. Man lasse sich nicht durch Reklamen betören. Einen wirklichen Fleischersatz kann man nicht künstlich herstellen. Man verwendet daher weit besser die billigsten Fleischteile oder die billigste Fleischart, oder man strecke z. B. den Hackbraten beliebig mit geriebenem Weißbrot oder mit gekochten geriebenen Kartoffeln.

67. Was ist Fleischextrakt? Fleischextrakt ist der eingedickte wäßrige Auszug des von gerinnbaren Eiweißstoffen, leimartigen Stoffen und Fett möglichst befreiten Rindfleisches. Er enthält demnach u. a. Fleischbasen (Kreatin, Kreatinin, Xanthin usw.), gewisse lösliche Eiweißstoffe, Aminosäuren, Phosphorsäureverbindungen, Milchsäure, Glykogen (ein Kohlenhydrat des Fleisches) sowie verschiedene Salze. Fleischextrakt ist in den bestimmungsgemäß zur Aufnahme gelangenden Mengen ein Genußmittel, kein Nahrungsmittel. Da im Inlande schon die Fleischpreise die Herstellung von Fleischextrakt nicht gestatten, wird Fleischextrakt aus dem Auslande eingeführt. Auf diese Einfuhr und somit auf den Gebrauch von Fleischextrakt kann jedoch verzichtet werden, zumal es technisch möglich ist, z. B. aus Hefe ähnlich schmeckende Zubereitungen herzustellen, die Fleischextrakt in der Küche weitgehend zu ersetzen vermögen. Allerdings sind namentlich während des Krieges recht minderwertige Ersatzmittel für Fleischextrakt in den Verkehr gelangt, jedoch hat die Herstellung brauchbarer Hefeextrakte bereits große Fortschritte gemacht.

68. Was versteht man unter Fleischbrühwürfeln und deren Ersatzmitteln? Fleischbrühwürfel (Bouillon-, Brüh-, Kraftbrühwürfel u. dgl.) sind Erzeugnisse, die dazu bestimmt sind, der Fleischbrühe ähnliche Zubereitungen zum unmittelbaren Genuß oder zum Würzen von Soßen, Suppen, Gemüsen und anderen Speisen zu liefern. Gesetzlich sollen sie einen be-

stimmten Mindestgehalt an Fleischextraktivstoffen und nicht
mehr Kochsalz, als erforderlich ist (höchstens 65%), enthalten.
Als Ersatzmittel für Fleischbrühwürfel kommen Erzeugnisse in den Verkehr, die, obwohl sie Fleischextraktivstoffe nicht
enthalten, die Fleischbrühwürfel weitgehend zu ersetzen vermögen und gesundheitlich einwandfrei sind (z. B. Hefeextrakt-
würfel). Da es allerdings leider auch recht minderwertige Ersatzmittel der genannten Art gibt, andererseits aber gute Ersatzmittel
volkswirtschaftlich eine erhebliche Bedeutung haben, ist es
zweckmäßig, nur Würfel solcher Firmen zu kaufen, die erfahrungs-
gemäß brauchbare Erzeugnisse liefern.

69. Was ist Speisegelatine? Speisegelatine wird aus ausgewähl-
ten leimgebenden Teilen des tierischen Körpers, hauptsächlich
aus Knochen von Kälbern, Knorpeln und Hautteilen gewonnen.
Sie unterscheidet sich von gewöhnlichem Leim schon dadurch,
daß sie fast farb-, geruch- und geschmacklos ist. Gewöhnlich
gelangt sie — teils ungefärbt, teils rot gefärbt — in dünnen Tafeln
sowie auch in Pulverform an die Verbraucher. Ungeeignete Erzeugnisse, die namentlich während des Krieges auftauchten,
fallen durch ihren an gewöhnlichen Leim erinnernden Geschmack
sowie durch ihre klebrige Beschaffenheit auf. Es ist daher auf
die Farbe, die Durchsichtigkeit, den Geruch und den Ge·
schmack, und zwar sowohl bei der trockenen als auch bei
der gelösten Ware (bei dieser namentlich nach dem Erwärmen)
zu achten.

70. Was ist Stockfisch, was Klippfisch? Als Stockfisch oder
Rundfisch bezeichnet man den ohne Kopf und ohne Eingeweide,
aber im übrigen unverletzt und ohne Salz getrockneten Fisch.
Wird der Fisch der Länge nach in 2 Stücke geschnitten, die nur
noch am Schwanz zusammenhängen, so heißt er Rotscheer.
Der Klippfisch ist hingegen ein der Länge nach aufgeschnittener
und flach ausgebreiteter, mit Salzlake getränkter und dann
getrockneter Fisch. Zum Trocknen finden sowohl der Dorsch
als auch der Langfisch, Schellfisch, Brosme und Köhler (Seelachs)
von alters her Verwendung. Beide Trockenfische sind, wenn sie
nach guten Vorschriften zubereitet werden, recht beachtenswerte und wohlfeile Volksnahrungsmittel.

71. Was ist vom Hering zu halten? Der Hering — grün und
eingesalzen — ist schon seit vielen Jahrhunderten, und zwar mit
Recht als eines der wichtigsten animalischen Volksnahrungsmittel

geschätzt worden. Der gewöhnliche Vollhering — Rogner wie
Milchner — hat schon früher, wenn es Deutschland wirtschaftlich schlecht ging, der Volksernährung sehr wertvolle Dienste
geleistet. Sein beträchtlicher Fettgehalt ist unter Nr. 73 erörtert;
seine Zubereitung gestattet Abwechslung, so daß man ihn oft
genießen kann. Die Versorgung unserer Bevölkerung mit wohl-
feilen grünen und gesalzenen Heringen sollte daher möglichst
gefördert werden. Heringe, bei denen die Rogen und die Milch
noch nicht entwickelt, und die gewöhnlich sehr fett sind, heißen
Matjesheringe (Matje ist holländisch und heißt „das Mädchen";
daher spricht man auch von jungfräulichen Heringen). Aus dem
Matjeshering entwickelt sich später der Fetthering; sind Rogen
und Milch stark entwickelt, so ist die Handelsbezeichnung „Vollhering". Leicht gesalzene und warm geräucherte frische Heringe
nennt man Bücklinge. Der gewöhnliche geräucherte Hering,
sog. Lachshering, wird hingegen durch kaltes Räuchern (bei
20—22° C) kräftig gesalzener Fische gewonnen. Zum Räuchern
verwendet man Buchen- oder Erlenholz; Nadelholz ist unbrauchbar. Sprotten sind — nebenbei bemerkt — nicht etwa junge
Heringe, sondern Breitlinge.

72. Ist Fischrogen ein wertvolles Nahrungsmittel? Hier und da
begegnet man noch Vorurteilen gegen den Rogen der Fische,
obgleich Kaviar als Delikatesse hoch bewertet wurde, solange noch
eine wesentliche Einfuhr von Kaviar in Frage kam. Ebenso wie
Kaviar hat aber auch der Rogen der übrigen für den menschlichen
Genuß in Betracht kommenden Fische einen sehr hohen Nährwert;
er ist insbesondere reich an Proteinen und anderen physiologisch
sehr wertvollen Stoffen und hat daher sowohl nach dieser Richtung
hin als auch im Hinblick auf seine Zweckbestimmung Ähn-
lichkeit mit den Eiern der Vögel. Man sollte ihn demnach keinesfalls umkommen lassen, sondern als hochwertiges Nahrungsmittel
restlos verwerten. Auch die sog. „Milch" (das Sperma der
männlichen Fische) enthält beträchtliche Mengen sehr wertvoller
Nährstoffe (insbesondere Proteine) und ist ebenfalls zum menschlichen Genuß durchaus geeignet. Im Haushalte findet sie daher
z. B. beim Einlegen von marinierten Heringen Verwendung,
indem man sie zerquirlt und in der Soße fein verteilt.

73. Was ist nachgemachter Lachs? Der Lachs (Salm) nimmt
wegen seines hohen Fettgehaltes unter den Fischen eine besondere
Stellung ein. Denn während das Fleisch vom Flußaal etwa 26%

Fett enthält, der grüne Hering, der Meeraal und die Makrele etwa $6^1/_2$—9% Fett aufweisen, die übrigen Süßwasser- und Seefische, wie z. B. der Hecht, Barsch, Kabeljau, Schellfisch, die Plötze und die Scholle, nur ganz geringfügige Fettmengen enthalten, finden wir im Lachsfleisch 15—20% Fett. Leider wird in neuerer Zeit Lachsfleisch vielfach künstlich dadurch nachgebildet, daß Fleisch vom Köhler und von anderen Seefischen gar gemacht, in Scheiben mit der Lösung eines roten Teerfarbstoffs künstlich lachsrot gefärbt und dann mit einem Speiseöl behandelt wird. Derartige Nachahmungen gelangen häufig irreführend als „Räucherlachs", „Lachs in Scheiben", „Nordseelachs" usw. in den Verkehr. Im Zusammenhange hiermit sei noch erwähnt, daß der Salzhering etwa doppelt so viel Fett hat als der grüne Hering (vgl. auch die Tabelle unter Nr. 18).

74. Wie prüft man Eier auf Brauchbarkeit? Man nimmt das gereinigte Ei in die hohle Hand, drückt diese gegen das Auge und sieht dann gegen ein Licht. Geeigneter ist ein kleiner Eierspiegel. Frische Eier erscheinen, gegen das Licht betrachtet, vollständig hell, alte hingegen trübe und dunkel. Angegangene Eier lassen am inneren Rande der Schale oder überhaupt im Innern einen Fleck erkennen; bebrütete Eier machen sich durch einen scharf abgegrenzten Fleck im Eidotter bemerkbar; sog. Heueier zeigen zwar nicht dunkle Flecke, jedoch starken Schatten, der beim zweimaligen Umdrehen vor der Lichtquelle verschwindet. Zwischen der Eierschale und der Eihaut, und zwar am stumpfen Eiende, entsteht bald nach dem Abkühlen des frisch gelegten Eies beim Lagern infolge von Wasserabgabe ein Luftraum, der allmählich größer wird. Infolge der Wasserverdunstung ändert sich das spezifische Gewicht des Eies. Im allgemeinen sinken frische Eier in einer 10 proz. Kochsalzlösung (spezifisches Gewicht = 1,073) unter, während alte Eier in dieser Lösung schwimmen. Alte Eier brauchen aber deswegen noch nicht etwa verdorben zu sein. Da beim Einlegen der Eier in Kalkmilch sich die Poren der Eischale verstopfen, platzen derartige Eier leicht beim Kochen, was durch Einstechen mit einer Nadel verhindert werden kann. Das Eiklar von Kalkeiern läßt sich nicht zu Schaum schlagen. Über die beste Konservierung von Eiern im Haushalt gibt Nr. 75 Aufschluß.

75. Wie werden Eier am besten und einfachsten im Haushalt konserviert? Man erfaßt die Eier mit einer Eierzange, brüht sie 5 Sekunden in kochendem Wasser ab (solange man „21, 22, 23, 24, 25" zählt) und legt sie dann mit Hilfe der Zange in Wasserglaslösung (1 Teil gutes Wasserglas + 8 Teile Wasser). Bei diesem von Dr. Dekker in Wald (Rhld.) angegebenen Verfahren wird also die Eischale keimfrei gemacht und zugleich das Ei oberflächlich „gedichtet"; die Wasserglaslösung erhält die Eier keimfrei; die so behandelten Eier nehmen auch bei langem Lagern keinen kratzenden Geschmack an. Bei Benutzung der Eierzange (die geeignetste und billigste ist eine Zange aus federndem Draht, die das Ei zwischen zwei Drahtringen hält und von der Stahlwarenfabrik von Gebr. Küller in Merscheid bei Solingen hergestellt wird) nimmt man zugleich während des Abbrühens jeden Riß und Sprung der Schale durch Austreten von Eiweiß wahr, was deswegen wichtig ist, weil derartige Eier zweckmäßig nicht eingelegt, sondern frisch verwendet werden.

76. Können Trockenei und Trockeneigelb frische Eier ersetzen? Der gesamte Inhalt des Hühnereies besteht zu etwa 73—74% aus Wasser; der Eidotter enthält etwa 50—51% Wasser und das Eiklar etwa 85—86%. Die Trockenerzeugnisse werden durch geeignetes Eintrocknen bei so niedriger Temperatur, daß keine Gerinnung eintritt, gewonnen. Chemische Veränderungen der Nährstoffe finden hierbei nicht statt. Die Pulver enthalten nur noch geringfügige Mengen von Wasser (Feuchtigkeit). Da der gesamte Inhalt eines Hühnereies im Durchschnitt etwa 47 g und 1 Eidotter etwa 16 g wiegt, entsprechen etwa 13 g Trockenei 1 frischen Hühnerei sowie etwa 8—8,5 g Trockeneigelb 1 frischen Eidotter. Trockenei und Trockeneigelb werden aus dem Auslande (insbesondere aus China) eingeführt, weil die Eierproduktion in Deutschland den Bedarf an Eiern bisher bei weitem noch nicht decken konnte. Da gesundheitlich einwandfreie und auch haltbare Trockenpräparate zur Einfuhr gelangen, können sie an Stelle von frischen Eiern und Eidottern im Haushalt weitestgehend Verwendung finden. Den höchsten Nährwert hat von den Eibestandteilen der Dotter; denn er enthält etwa 31,7% Fett, etwa 16% Eiweißstoffe und sehr viel Lezithin. Mit keinem anderen Nahrungsmittel werden dem Körper verhältnismäßig so große Lezithinmengen (s. Nr. 6) zugeführt, als mit dem Eigelb (abgesehen selbstverständlich von gewissen sehr kostspieligen diätetischen Nährpräparaten). Eiklar ist im wesentlichen eine gesättigte wässerige Albuminlösung, deren Albumingehalt 15,35% beträgt.

77. Was ist Butter und Butterschmalz? Wird Sahne mit geeigneten Vorrichtungen (in Butterfässern oder Buttermaschinen) schlagenden, stoßenden oder schüttelnden Bewegungen ausgesetzt (verbuttert), so scheidet sich ein inniges Gemisch aus Milchfett und anderen Milchbestandteilen aus, das durch Auskneten mit Wasser von der anhaftenden Buttermilch nach Möglichkeit befreit wird. Physikalisch ist demnach Butter eine erstarrte Emulsion aus Milchfett, anderen Milchbestandteilen und Wasser. So erklärt sich ihre eigenartige Streichbarkeit gegenüber den ausgeschmolzenen Fetten, wie z. B. dem Schweinefett und Gänsefett. Je nach dem Geschmack der Verbraucher wird Butter gesalzen (vornehmlich in Norddeutschland mit etwa 1,5% Kochsalz) oder ungesalzen (in der Regel in Süddeutschland) in den Verkehr gebracht. Wird Butter durch Ausschmelzen vom Wasser, von den Milcheiweißstoffen, dem Milchzucker und den Milchsalzen befreit, so erhält man B u t t e r s c h m a l z, das namentlich in Süddeutschland viel Verwendung findet. Beim Schmelzen der Butter scheidet sich in der Regel das Butterfett als k l a r e Flüssigkeit ab, während beim Erwärmen der M a r g a r i n e in der Regel das geschmolzene Fett t r ü b e ist. An der Menge des aus den zuvor angegebenen Milchbestandteilen und Wasser bestehenden Satzes kann man beim Abschmelzen bereits erkennen, ob Butter und Margarine durch Zusatz von Wasser verfälscht sind. Gesalzene Butter darf nicht mehr als 16%, ungesalzene Butter nicht mehr als 18% Wasser enthalten. An Milchfett soll gesalzene und ungesalzene Butter mindestens 80% aufweisen. Der Gebrauchswert der Butter ist nicht nur durch die Feinheit des Geruchs und Geschmackes bedingt, sondern er hängt auch, und zwar hinsichtlich des N ä h r w e r t e s, von dem F e t t g e h a l t ab. Der Milch- und somit Milchfettpreis beeinflußt den Preis der Butter. Leider wird Butter vielfach „gestreckt", d. h. durch Zusatz von Wasser oder von billigeren Fetten verfälscht. Auch Z i e g e n b u t t e r und S c h a f b u t t e r läßt sich herstellen. Bei Weidegang, überhaupt bei Grünfütterung, ist die Kuhbutter gelb, bei Trockenfütterung mehr oder weniger weiß. Je höher der Gehalt an n a t ü r l i c h e m gelbem Farbstoff ist, um so größer ist der Vitamingehalt der Butter; besonders reich an Vitaminen ist daher die Grasbutter; k ü n s t l i c h gelb gefärbte Butter sollte demnach als solche dem Verbraucher gekennzeichnet werden. Bisher ist die künstliche Färbung mit gesundheitlich harmlosen Farbstoffen amtlich noch geduldet worden. Ziegenbutter ist weiß.

78. Welche Butterfälschungen spielen im Verkehr eine Rolle?
Die hauptsächlichsten Butterverfälschungen bilden die Zusätze
von Wasser und Speisefetten anderer Art (Margarine, Schmalz,
Kokosfett u. dgl.). Ihre Art richtet sich nach den Gewinnen, die
je nach den Preisen der Fette erzielt werden, und nach der Möglichkeit des schnellen Nachweises der Zusätze. Zur Zeit steht
die einfache Wässerung im Vordergrunde des Interesses der
Fälscher, die schnell viel verdienen möchten. Durch den Zusatz
von Wasser wird naturgemäß der Nährwert der Butter entsprechend verringert, was recht bedenklich ist, weil Butter ein
wichtiges Nahrungsmittel darstellt (s. Nr. 77), während durch
Beimischung fremder Fette der kalorische Nährwert nicht beeinflußt, jedoch der Vitamingehalt und der Genußwert herabgesetzt werden. Weiter wird Butter gelegentlich auch durch übermäßigen Zusatz von Salz gestreckt und schwerer gemacht. Verfälschungen durch Beimischung von Quark, Kartoffelbrei, Hafer-
flockenbrei u. dgl. kommen nur noch vereinzelt da vor, wo Butter
aus kleinbäuerlichen Betrieben auf den Markt gebracht oder von
Hausierern vertrieben wird.

79. Was ist Margarine? Margarine wurde anfangs in der
Weise hergestellt, daß man geschmolzenen und geklärten frischen
Rindertalg in besonderen Räumen bei etwa 23—25° C stehen
ließ, wobei sich der Talg in einen flüssigen und einen kristallini-
schen (höher schmelzenden) Teil schied. Wurde dann der kristal-
linische Teil durch Abpressen (als Preßtalg) beseitigt, so erhielt
man den bei niedrigen Temperaturen — schon im Munde, wie
das Butterfett — schmelzenden Anteil, das sog. Oleomargarin.
Aus diesem hochwertigen vitaminhaltigen Fett läßt sich unter
Erwärmen (nach der Verflüssigung) mit Milch leicht eine creme-
artige flüssige Emulsion herstellen, die man mit Hilfe von kaltem
Wasser oder zwischen stark gekühlten Walzen zum Erstarren
bringen kann. An Stelle von Oleomargarin sind später verschiedene andere Speisefette, wie Kokosnußfett, Palmkernfett (s. Nr.83),
Schweineschmalz, gehärtete Öle und Trane (s. Nr. 82), Gemische
aus Rindertalg oder Preßtalg und Ölen verschiedener Art usw.
verwendet worden. Es handelt sich demnach bei der Margarine,
ebenso wie bei der Butter, um eine erstarrte, unter Zusatz von
Milch (Magermilch) gewonnene Fettemulsion, die jedoch — im
Gegensatz zu Butter — an Stelle von Milchfett Speisefett anderer
Art enthält. Von der Güte der verarbeiteten Fette und ins-

besondere auch davon, ob diese schon bei solchen Temperaturen, die unter der Bluttemperatur liegen, schmelzbar sind, hängt u. a. der Genußwert der Margarine ab. Sie soll, ebenso wie die Butter, im gesalzenen Zustande nicht mehr als 16% und im ungesalzenen Zustande nicht mehr als 18% Wasser sowie außerdem mindestens 80% Fett enthalten. Der Vitamingehalt der Margarine hat — im Gegensatz zu dem der Butter — praktisch keine Bedeutung mehr, seitdem Margarine nicht mehr ausschließlich aus Oleomargarin hergestellt wird; es ist jedoch nicht ausgeschlossen, daß es demnächst gelingt, ihn künstlich zu erhöhen. Gesetzlich fallen auch die dem Butterschmalz ähnlichen Fettzubereitungen unter den Begriff Margarine, jedoch haben diese, gewöhnlich durch Zusammenschmelzen von Fetten gewonnenen, gelblich oder gelb gefärbten Zubereitungen im Verkehr nur eine untergeordnete Bedeutung. Da die der Butter ähnliche Margarine ebenso wie Butter eine erstarrte Emulsion ist, läßt sie sich auch so wie Butter glatt streichen. Mit Rücksicht darauf, daß Margarine sich wegen der Art ihres Vertriebes länger als Butter halten muß, wird sie in der Regel durch Zusatz von benzoesaurem Natrium (s. Nr. 128) konserviert. Geschieht dies nicht, so beobachtet man namentlich dann, wenn im Kleinhandel oder im Haushalt Margarine „gehamstert" wurde, daß diese alsbald — je nach der Temperatur der Aufbewahrungsräume schneller oder langsamer — verdirbt und somit der menschlichen Ernährung verlorengeht.

80. Haben Butter und Margarine denselben Nährwert wie Schweineschmalz? Da Butter und Margarine nicht erheblich mehr als 80% Fett enthalten, Schweineschmalz hingegen fast zu 100% aus Fett besteht, ist Schweineschmalz als Fettquelle, also kalorisch, entsprechend wertvoller als Butter und Margarine. Butterschmalz und Schmelzmargarine bestehen allerdings auch zu fast 100% aus Fett.

81. Was ist Kunstspeisefett? Gesetzlich und somit auch im Verkehr versteht man hierunter Ersatzmittel für Schweineschmalz, die dem Schweineschmalz zwar ähnlich sind, aber entweder nur zum Teil aus Schweineschmalz bestehen, oder Schweinefett überhaupt nicht enthalten. Derartige Kunstspeisefette werden aus verschiedenen Speisefetten und -ölen, wie z. B. aus Rindertalg, Kokosnußfett, Palmkernfett (s. Nr. 83), gehärteten Ölen und Tranen (s. Nr. 82), Baumwollsamenstearin (dem festen

— höher schmelzenden — Teil des Baumwollsamenöls), Baumwoll-samenöl, Erdnuß-, Sesamöl usw., zubereitet. Als Ersatzmittel für Schweineschmalz muß Kunstspeisefett, ebenso wie Schmalz, zu fast 100% aus Fett bestehen.

82. Was sind gehärtete Öle und Trane? Aus flüssigen Fetten (Speiseölen und Tranen) lassen sich auf chemischem Wege — durch Anlagerung von Wasserstoff an die Ölsäuren der Glyzeride (s. Nr. 6), wobei z. B. Ölsäure in Stearinsäure umgewandelt wird — Fette gewinnen, die bei den üblichen Tagestemperaturen nicht mehr flüssig, sondern fest (hart) sind. Je nach dem Grade der Härtung können dabei Fette von der Konsistenz des Schmal-zes, des Oleomargarins, des Rindertalges, des Hammeltalges usw. erhalten werden. Selbst Waltrane und Fischtrane lassen sich auf diese Weise härten und dann weiter in neutral schmeckende feste Fette umwandeln. Die gehärteten Fette spielen schon seit einer Reihe von Jahren namentlich bei der Herstellung von Margarine und Kunstspeisefett (s. Nr. 79 und 81) eine be-deutende Rolle; unmittelbar als solche gelangen sie im allge-meinen nicht an die Bevölkerung. Gesundheitlich sind sie ein-wandfrei, wenn gesundheitlich einwandfreie Rohstoffe verarbeitet wurden.

83. Was ist Kokosnußfett? Kokosnußfett wird aus dem getrockneten Kernfleisch der Frucht der Kokospalmen (der Kopra) gewonnen. Das in den Verkehr gelangende raffinierte Kokosnußfett, das bekannte weiße, feste, nicht streichbare Fett (z. B. Palmin), schmilzt bei sehr niedriger Temperatur und eignet sich daher recht gut als Speisefett. Durch besondere mechanische Bearbeitung kann man es auch streichbar machen. Weitere Palmenfette sind das Palmkernfett aus den Frucht-kernen der Ölpalme und das Palmfett aus dem Fruchtfleisch der Ölpalme, jedoch gelangen diese Fette nicht als solche an die Bevölkerung, vielmehr werden sie zusammen mit anderen Fetten auf Margarine (s. Nr. 79) und Kunstspeisefett (s. Nr. 81) ver-arbeitet.

84. Ist Lebertran ein Nahrungsmittel? Das aus den zerkleinerten Lebern des Kabeljaus, des Dorsches und anderer verwandter Fische gewonnene Öl besteht zu fast 100% aus leicht verdau-lichem Fett; es ist also schon aus diesem Grunde ein wertvolles Nahrungsmittel. Daneben weist der Lebertran von allen Fetten den höchsten bisher bekannten Gehalt an Vitaminen, namentlich

der Gruppe A, auf. Infolgedessen hat er bei verschiedenen Erkrankungen, insbesondere bei Rachitis der Kinder, eine große
Bedeutung, zumal da er die Aufnahme des Kalkes aus der Nahrung
außerordentlich fördert. Es empfiehlt sich, Kindern, namentlich
in der kälteren Jahreszeit, in der frisches Gemüse in wesentlichen
Mengen nicht zur Verfügung steht, regelmäßig oder häufiger
Lebertran zu geben.

85. Was sind Teigwaren? Fadennudeln, Bandnudeln, Röhren-
nudeln (Makkaroni), Schnittnudeln, Sternchen und ähnliche
Zubereitungen werden aus Mahlprodukten des Weizens hergestellt, indem der ungegorene Teig nicht gebacken, sondern
vorsichtig getrocknet wird. Früher spielten auch wirkliche Eierteigwaren im Verkehr eine Rolle, die entsprechend ihrem Eigehalt
einen höheren Nähr- und Genußwert hatten. Bei den gegenwärtigen Eierpreisen bilden jedenfalls gehaltreiche Eiernudeln keinen
wesentlichen Handelsartikel. Eiarme Waren verdienen aber
nicht die Bezeichnung „Eierteigwaren", auch rechtfertigt vielfach ihr geringfügiger Eigehalt nicht ihren weit höheren Preis.
Die eifreie Ware namentlich bewährter Firmen ist jedoch auch
ein sehr schmackhaftes und sehr wertvolles Nahrungsmittel,
dessen Erzeugung in Großbetrieben sich schon deswegen rechtfertigt, weil die Hausfrau einerseits im allgemeinen nicht mehr
die Zeit hat, mit der erforderlichen Sorgfalt Nudeln selbst an-
zufertigen, und weil sie andererseits sich nicht immer die Rohstoffe zu beschaffen vermag, die die besten Teigwaren liefern.

86. Welches Brot sollte man essen? Die Zahl der Gebäcke,
die als Brot in den Verkehr gelangen, ist sehr groß: Weißbrot,
Graubrot, Schwarzbrot, Kommißbrot, Landbrot, Schrotbrot,
Kleiebrot, Pumpernickel, Vollbrot, Ganzbrot (Steinmetzbrot,
Schlüterbrot, Klopferbrot, Growittbrot, Finklerbrot, Simons-
brot), Grahambrot, ungesäuertes Brot, Diabetikerbrot, Mais-
brot usw. Ein Einheitsbrot, das die Kriegsnot schuf, hat sich
für die Ernährung eines Volkes nicht bewährt. Dennoch fordern
immer wieder Fanatiker aus nicht haltbaren wissenschaftlichen
und wirtschaftlichen Gründen ein Einheitsbrot, und zwar gewöhnlich irgendein Vollkornbrot. Ernährungsphysiologisch betrachtet verdienen die Brote besondere Beachtung, deren Gehalt
an Proteinen und Kohlenhydraten recht hoch ist, und die daher
entsprechend viele Kalorien liefern. Ein zu hoher Wassergehalt,
zu viele Zellulose und Säure beeinträchtigen den Nährwert des

Brotes. Der Fettgehalt spielt im Brot nur eine untergeordnete Rolle. Bei Ausnutzungsversuchen im menschlichen Körper schneiden Weizenbrote am besten ab; weniger günstig verhalten sich hierbei Schrotbrot, Pumpernickel und auch Kommißbrot. Damit brauchen diese Brotsorton aber in ihrem Geschmack und in ihrer Bekömmlichkeit dem Weizenbrot nicht nachzustehen. Etwa in der Mitte zwischen dem Weizenbrot und den drei anderen Brotsorten steht das Roggenbrot, das aus zu 80% ausgemahlenem Mehl hergestellt ist und in der Vorkriegszeit als Hausbrot am beliebtesten war. Gutes Roggenbrot hat einen angenehm würzigen Geschmack, bleibt lange Zeit frisch und kann fortgesetzt auch in großen Mengen ohne Widerwillen genossen werden. Die ganze Brotfrage, über die namentlich in den letzten 10 Jahren außerordentlich viel und auch leidenschaftlich geschrieben worden ist, hier aufzurollen, ist nicht angängig; studiert man sie unbefangen, so kommt man immer wieder zu folgendem Ergebnis: Die Hauptsache ist, daß ausreichende Brotmengen möglichst billig zur Verfügung stehen, und daß das Brot gesundheitlich zu Unzuträglichkeiten keine Veranlassung gibt; die Bekömmlichkeit der verschiedenen Brotsorten ist individuell recht verschieden; der Geschmack der einzelnen Menschen ist ebenfalls recht verschieden; man esse daher ohne Bedenken das Brot, das einem geschmacklich am meisten zusagt und gesundheitlich am besten bekommt.

87. Wie und worauf wird Hafer für die menschliche Ernährung verarbeitet? Hafer enthält mehr Proteine (Eiweiß) und mehr Fett als das übrige Getreide. Es lassen sich daher aus Hafer recht nahrhafte sowie auch wohlschmeckende, leicht verdauliche und gut bekömmliche Nährmittel herstellen. Als solche kommen vornehmlich Haferflocken, Hafergrütze und Hafermehl in Betracht. Hafermehl wird auch weiter auf Kindermehle, Haferkakao usw. verarbeitet. In England und Nordamerika hatte man zuerst die Bedeutung des Hafers für die Volksernährung erkannt; in Deutschland spielen die Hafernährmittel erst seit einigen Jahrzehnten eine größere Rolle; hier wurden sie zunächst hauptsächlich für Kranke, Genesende und Kinder zubereitet. Zur Herstellung dieser Lebensmittel wird der Hafer gereinigt, gedämpft oder geröstet, gedarrt und enthülst (von den Spelzen befreit). Die so erhaltenen Körner werden nochmals gedämpft und dann auf besonderen Walzen zu Flocken gequetscht. Hafermehl entsteht durch Kochen, Darren und Vermahlen der geschälten Haferkörner, Hafergrütze durch Spalten dieser Körner. In Deutschland wird ein den amerikanischen Quäker-Oats durchaus ebenbürtiges Erzeugnis gewonnen, indem der Schälprozeß sehr sorgfältig durchgeführt wird. Die deutschen Hafermühlen pflegen für die Verbraucher Gebrauchsanweisungen zu verteilen, die eine weitgehende und sachgemäße Verwendung der Hafernährmittel in der Küche gestatten.

88. Ist die Herstellung von Kuchen schlechthin Verschwendung? Obwohl alle Luxusgebäcke, auch wenn sie sehr nahrhaft sind, entbehrlich sind, ganz abgesehen davon, daß ihre Herstellung nicht dem Ernst der deutschen Ernährungslage Rechnung tragen würde, ist es aber nicht zu verkennen, daß einfache Kuchen nicht nur sehr nahrhaft, sondern auch geeignet sind, eine Abwechslung in die Ernährung zu bringen und so vielen Menschen das Leben angenehmer zu machen. Hinzu kommt, daß die einfachen Kuchenarten auch von Kindern leicht verdaut werden und daher vielfach dann ihre Berechtigung haben, wenn der Verdauungsapparat z. B. durch fortgesetzte einförmige Ernährung geschwächt ist. Es läßt sich also gegen die Herstellung von einfachen Kuchen nicht schlechthin der Vorwurf der Verschwendung erheben.

89. Was sind Puddingpulver? Puddingpulver enthalten in trockener Form die Stoffe, die zur Zubereitung eines einfachen Puddings erforderlich sind, also geeignetes Stärkemehl, würzende und aromatische Stoffe, Zucker und zum Teil auch Kakao, Milchpulver sowie unschädliche Farbstoffe. Vielfach soll der Zucker erst in der Küche zugesetzt werden, obwohl streng genommen Puddingpulver alles enthalten sollte, was erforderlich ist, um im Haushalt lediglich mit Hilfe von Wasser schnell einen Pudding zuzubereiten. Je vollkommener sie sind, um so mehr vermögen sie die Hausfrau bei der Zubereitung namentlich von Süßspeisen für Kinder zu entlasten. Lediglich aromatisiertes Mehl, auch wenn ihm z. B. etwas Kakaopulver zugesetzt ist, erfüllt den volkswirtschaftlichen Zweck nicht.

90. Verdient die Sojabohne besondere Beachtung? Während Erbsen, weiße Bohnen, dicke Bohnen (Saubohnen) und Linsen etwa 23,0—26,0% Proteine und 1,5—2,0% Fett enthalten, finden wir in der Sojabohne etwa 32,0—34,0% Proteine und 14,0—20,0% Fett. Allerdings ist ihr Gehalt an

Kohlenhydraten dafür geringer (32,0—36,5% statt 55,5—59,5%). Die Sojabohnen sind demnach ganz außergewöhnlich nährstoffreiche Hülsenfrüchte, die zudem in verschiedenen Zubereitungen so wie weiße Bohnen genossen werden können. Das aus Sojabohnen gewonnene Öl eignet sich gut für Speisezwecke und hat daher schon seit Jahren in der Margarinefabrikation Verwendung gefunden. Das aus entölten Sojabohnen erhaltene Mehl wird teils für Futterzwecke, teils auch für die Herstellung von eiweißreichen Nährpräparaten verwendet. Auch vegetabilische Milch (Pflanzenmilch) ist schon mit Hilfe der Sojabohnen hergestellt worden (s. Nr. 38). Die sog. Sojabohnenmilch läßt sich an Stelle von Kuhmilch insbesondere bei der küchenmäßigen Zubereitung von Speisen, z. B. bei der Herstellung von Suppen, kuchenartigen Gebäcken, Eierkuchen und Puddings verwenden; auch als Zusatz zum Kaffee ist sie brauchbar. Für die Säuglingsernährung hat sie selbstverständlich auszuscheiden, jedoch ist sie ein beachtenswertes Erfrischungsgetränk. In den Verkehr darf sie aber nur unter ihrem richtigen Namen gelangen.

91. Was sind Rangoonbohnen (Mondbohnen)? Sind sie für die menschliche Ernährung geeignet? Diese Bohnenart wird entweder nach der indischen Hafenstadt Rangoon (spr. Rangun) oder nach ihrem lateinischen Namen Phaseolus (d. i. Bohne) lunatus (mondförmig) als Mondbohne bezeichnet. Äußerlich unterscheidet sich diese Bohnenart von der weißen Gartenbohne dadurch, daß man bei näherer Betrachtung von dem Nabel ausgehend eine strahlenförmige Streifung wahrnimmt. Chemisch ist der Hauptunterschied der, daß in den Rangoonbohnen ein Glykosid, d. h. ein Traubenzucker (s. Nr. 7) enthaltender Körper, das sog. Phaseolunatin, vorkommt, das bei der Aufnahme von Wasser u. a. Blausäure (Zyanwasserstoff) abspaltet. Da die wildwachsenden Rangoonbohnen, die jedoch für den Verkehr nicht in Frage kommen, recht erhebliche Blausäuremengen bei der Zubereitung abzuspalten vermögen, galten die Rangoonbohnen früher schlechthin als giftig oder mindestens als sehr gesundheitsgefährlich. In den Verkehr kommen jedoch lediglich kultivierte Rangoonbohnen, die, auf 100 g Bohnen berechnet, im allgemeinen etwa 15—30 mg Blausäure aufweisen. Auch diese Blausäuremengen sind — für sich betrachtet — keinesfalls etwa unbeachtlich, jedoch ist zu bedenken, daß sie bei der Zubereitung der Bohne leicht entfernt werden können. Geschieht dies, so ist die Rangoonbohne ein ebenso nahrhaftes und bekömmliches Nahrungsmittel wie die weiße Gartenbohne, auch ist ihr Geschmack vortrefflich. Infolgedessen gibt es Länder, in denen Rangoonbohnen als Volksnahrungsmittel (z. B. in Amerika) eine große Rolle spielen. Unmittelbar nach Kriegsschluß sind allerdings und leider in großen Mengen solche Rangoonbohnen nach Deutschland gelangt, die aus alten Heeresbeständen unserer Feinde herrührten und daher sich vielfach nicht mehr so weich kochten wie normale Ware. Da infolge der Verarmung Deutschlands demnächst wieder mit der Einfuhr von Rangoonbohnen gerechnet werden kann, dürfte folgende Vorschrift willkommen sein, die es gestattet, die Blausäure leicht und vollständig zu entfernen: „Die Bohnen werden etwa 24 Stunden lang in einer reichlichen Menge Wasser eingeweicht. Das Weichwasser ist alsdann fortzuschütten. Danach werden die Bohnen mit frischem Wasser gar gekocht. Das erste Ankochwasser wird ebenfalls weggegossen."

92. Ist es zweckmäßig, die Erbsen mit den Schalen zu genießen? Die Schalen der Erbsen haben keinen Nährwert. Erhebliche Mengen unverdaulicher Zellulosemassen, aus denen die genannten Schalen (z. B. auch die Schalen der Getreidekörner) bestehen, vermögen unter Umständen sogar die Ausnutzbarkeit der übrigen Nahrung herabzusetzen. Infolgedessen empfiehlt es sich, die Erbsen nach dem Kochen zunächst von den Schalen zu befreien, indem man sie durch ein Sieb schlägt. Man kann selbstverständlich auch geschälte Erbsen verarbeiten, jedoch dürfte es im allgemeinen wirtschaftlicher sein, ungeschälte Erbsen zu kaufen und diese nach dem Kochen von den Schalen zu befreien.

93. Warum wird vielfach Sauerkraut mit Hülsenfrüchten zusammen genossen? Es ist vielfach üblich, Erbsenbrei zusammen mit Sauerkraut zu essen, sowie in der Erbsensuppe — auch in der Bohnensuppe — Sauerkraut zu zerschneiden. Sollte hierfür lediglich der Geschmack maßgebend sein, oder liegt diesen Gepflogenheiten eine bei der Ernährung gemachte Beobachtung zugrunde? Die Säure des Sauerkrauts, die beim Einsäuern des Kohls durch Kleinlebewesen (Milchsäurebakterien) gebildet wird, ist Gärungsmilchsäure, die im Körper nicht nur leicht verbrannt wird, sondern auch die Verdauung wesentlich fördert. So erklärt es sich, daß die verhältnismäßig schwer verdaulichen Hülsenfrüchte (s. Nr. 13) namentlich dann, wenn sie in größeren Mengen genossen werden, bei Gegenwart von Sauerkraut weit leichter verdaut werden. Hierauf ist offenbar die zuvor erörterte Gepflogenheit zurückzuführen.

94. Darf man Hülsenfrüchten und Gemüsen beim Kochen doppeltkohlensaures Natrium zusetzen? Es ist vielfach üblich, Bohnen und Erbsen in lauwarmem Wasser zu weichen, dem doppeltkohlensaures Natrium oder Soda (kohlensaures Natrium) zugesetzt ist, um das Wasser zu enthärten. Geschieht dies, so ist jedenfalls das Weichwasser vor dem Kochen der Hülsenfrüchte zu entfernen, auch sollte man im Anschluß daran die Erbsen und Bohnen noch mit reinem frischem Wasser abwaschen. Zweckmäßig ist es auch, dann die eingeweichten Hülsenfrüchte noch mehrere Stunden zugedeckt an einem warmen Ort stehenzulassen, bevor man sie kocht. Keinesfalls sollte man aber die Hülsenfrüchte in Wasser kochen, dem doppeltkohlensaures Natrium oder Soda zugesetzt worden ist, weil wichtige Vitamine beim Erhitzen in alkalischem Wasser zerstört werden. Aus demselben Grunde ist es auch unzweckmäßig, bei der Zubereitung von Gemüsen — was gelegentlich geschieht — doppeltkohlensaures Natrium oder Soda zu verwenden. Am zweckmäßigsten sucht man sich für die Zubereitung von Hülsenfrüchten weiches Wasser zu beschaffen, wenn der Hausbrunnen hartes Wasser liefert. Weiter sollte man Hülsenfrüchte und Gemüse erst dann salzen, wenn sie gar gekocht sind.

95. Was ist Honig, was Kunsthonig? Während Honig der süße Stoff ist, den die Bienen erzeugen, indem sie Nektariensäfte oder auch andere in lebenden Pflanzenteilen sich vorfindende Säfte aufnehmen, in ihrem Körper verändern, sodann in den Waben (Wachszellen) aufspeichern und dort reifen lassen, ist Kunsthonig eine Zubereitung, die im wesentlichen aus Invertzuckersirup (s. Nr. 7) besteht und durch Zusatz von aromatischen Stoffen oder auch von etwas aromatischem echtem Honig dem Honig im Geruch ähnlich gemacht worden ist. Da der Zuckergehalt des Kunsthonigs dem des natürlichen Honigs entspricht, kann Kunsthonig an Stelle von natürlichem Honig als Nahrungsmittel weitgehend Verwendung finden, obwohl er als Genußmittel dem Honig nachsteht, überhaupt mit Honig nicht etwa identisch ist. Kunsthonig gelangt — ebenso wie Honig — sowohl in fester als auch in flüssiger Form in den Verkehr. Leider wird Kunsthonig vielfach in betrügerischer Absicht als Honig vertrieben und Honig durch Zusatz von Kunsthonig verfälscht.

96. **Was ist Rübenkraut (Rübensaft, Rübensirup) und Speisesirup?** Ähnlich so wie man aus dem Safte von Äpfeln und Birnen Obstkraut herstellt, kann man auch aus Zuckerrüben sowie aus Möhren Rübenkraut bzw. Möhrenkraut gewinnen. Zu dem Zweck werden die Zuckerrüben und Möhren zerkleinert (geschnitzelt oder gehobelt), gekocht und ausgepreßt; der Saft wird alsdann geklärt und soweit eingedampft, bis die Masse beim Abträufeln von einem darin eingetauchten Löffel tropfenartig erstarrt. Derartiger Rübensaft wird auch gewerbsmäßig im großen hergestellt, wobei sich durch Verwendung von Filterpressen sowie durch Eindampfen im Vakuum (luftverdünnten Raum) ein noch besseres Erzeugnis gewinnen läßt. Daneben gelangt auch ein Sirup in den Verkehr, der in Zuckerfabriken nach Entziehung eines Teiles seines Zuckers, also als Melassesirup, gewonnen wird und dann vielfach einen Zusatz von Stärkesirup erhält. Derartigen minderwertigeren Sirup pflegt man im Verkehr als „Speisesirup" zu bezeichnen.

Der aus dem vollen Safte der Zuckerrüben gewonnene Sirup hat früher im Haushalt eine weit größere Rolle gespielt als in neuerer Zeit, wo er durch den raffinierten Rübenzucker verdrängt worden ist. Es ist aber nicht zu verkennen, daß das Rübenkraut ein wertvolles und schmackhaftes Nahrungsmittel darstellt, das nicht nur als Brotaufstrich, sondern auch als Süßungsmittel (z. B. bei der Herstellung verschiedener Backwaren) weitgehend Verwendung finden kann. Es mag dahingestellt bleiben, ob, was gelegentlich behauptet wird, den im Rübenkraut noch enthaltenen Mineralstoffen des Rübensaftes eine wesentliche Bedeutung zukommt oder nicht; jedenfalls ist in volkswirtschaftlicher Hinsicht zu beachten, daß man sich unmittelbar aus den Zuckerrüben ein schmackhaftes und bekömmliches Lebensmittel herstellen kann, in dem der Zucker wesentlich billiger als im raffinierten Rübenzucker vorliegt, sofern man sich selbst Zuckerrüben pflanzen kann und über nicht zu teueres Heizmaterial verfügt.

97. **Was kommt von der Kartoffel für die Ernährung in Betracht?** Die Kartoffel ist die Grundlage der Volksernährung. Nachdem Deutschland seine Kornkammern, die Provinzen Posen und Westpreußen, verloren hat, muß uns vornehmlich die Kartoffel vor dem Verhungern bewahren. Man vergeude daher nichts von der Kartoffel, was eßbar ist. Bis auf die dünne Oberhaut (Korkschicht, Pelle) besteht die Kartoffel aus Nähr-

stoffen. Mithin werden beim Kartoffelschälen an Nährstoffen alle die Teile beseitigt, die sich unter der Pelle befinden. Werden die Kartoffelschalen, die aus diesen Nährstoffen und der Pelle bestehen, als Viehfutter ausgenutzt, so braucht das Schälen nicht so gut zu geschehen, als wenn die Schalen in den Mülleimer gelangen. Findet demnach keine Verwertung der Kartoffelschalen als Futter statt, so vergeudet man sehr wertvolle Nährstoffe, wenn man ungeschickt schält. Wer aber Nährstoffe leichtfertig umkommen läßt, versündigt sich an seinem Vaterlande! Während der ersten Monate nach der Ernte sollte man grundsätzlich die Kartoffeln nur sauber abwaschen und dann in der Schale kochen, um sie vor dem Genuß lediglich abpellen zu brauchen. Später, wenn die Außenseite der Kartoffel durch Eintrocknung wesentlich geschrumpft ist, und im Frühjahr, wenn die Kartoffel bereits gekeimt hat, muß von ihr beim Schälen nur das entfernt werden, was für den Genuß nicht tauglich ist und trotz sorgfältigen Schälens an den Schalen verbleibt. Es sei daher auf die Sparkartoffelblechmesser besonders hingewiesen. Über die Behandlung der durch Frost beschädigten Kartoffeln gibt Nr. 98, über Solaninvergiftungen durch Kartoffelgenuß Nr. 99 Aufschluß.

98. Wie behandelt man die durch Frost beschädigten Kartoffeln? Die Nachprüfung der als erfroren bezeichneten Kartoffeln durch die Hauptstelle für Pflanzenschutz ergab bis jetzt stets, daß die betreffenden Kartoffeln nicht erfroren, auch nicht einmal angefroren waren, sondern nur den unter dem Einfluß niederer Temperaturen sich regelmäßig einstellenden Frostgeschmack (süßen Geschmack) angenommen hatten. Der süße Geschmack der Kartoffeln wird immer noch irrtümlich als Kennzeichen für erfrorene Kartoffeln angesehen. Er wird jedoch durch eine Zuckeranhäufung in der Knolle bewirkt. Die Knolle atmet wie jeder lebende Pflanzenteil, und das, was sie zu ihrer Atmung verbraucht, ist Stärke. Bevor aber die Stärke veratmet werden kann, muß sie durch ein Enzym, die Diastase, in Zucker zerlegt werden. Diese beiden Stoffwechselprozesse gehen aber nicht immer gleichzeitig vor sich, auch erfolgt ihr Verlauf nicht gleich schnell. Die Umwandlung der Stärke in Zucker ist bei niederer Temperatur zwar verlangsamt, jedoch ist die Atmung unter dem Einfluß niederer Temperaturen sehr stark gehemmt. Die Folge davon ist die Zuckeranhäufung in der Knolle und ihr

süßer Geschmack. Der Gebrauchswert der Kartoffel hat durch diesen Vorgang jedoch nicht schlechthin gelitten. Denn bringen wir die Kartoffeln einige Tage vor ihrer Verwendung im Haushalt in einen warmen Raum, so setzt hier wieder eine erhöhte Atmungstätigkeit ein, der angehäufte Zucker wird aufgezehrt, und der süße Geschmack verschwindet. Werden die geernteten Kartoffeln vor dem Verbrauch längere Zeit gelagert, so wird der süße Geschmack bei vorschriftsmäßiger, frostsicherer Einwinterung der Kartoffeln durch die im Keller und in der Miete lebhafter einsetzende Atmung im Verlauf von 14 Tagen ohne Zutun des Erzeugers oder Käufers verschwinden.

99. Wie kommen Solaninvergiftungen zustande? In allen Teilen der Kartoffelpflanze, also auch in den Knollen, befinden sich verhältnismäßig sehr kleine Mengen eines giftig wirkenden Alkaloides, das Solanin genannt wird. Unter normalen Verhältnissen ist der Gehalt der Kartoffelknollen an Solanin so gering, daß er die menschliche Gesundheit selbst bei sehr reichlichem Kartoffelgenuß nicht zu schädigen vermag. Anormale Witterungsverhältnisse, wie wir sie z. B. im Jahre 1921 hatten, können aber unter Umständen bei manchen Kartoffelsorten eine erhebliche Zunahme ihres Solaningehaltes verursachen. Weiter steigt der Solaningehalt, wenn normale Kartoffeln längere Zeit dem Tageslicht ausgesetzt sind, wobei zugleich ihre Schale infolge von Chlorophyllbildung mehr oder weniger grün wird. Daher sind auch solche Kartoffeln, die nicht vollständig vom Ackerboden bedeckt waren, auf der dem Licht zugänglich gewesenen Seite grün. Mit Recht entfernt die Hausfrau die grün gewordenen Stellen sowie ganze, grün erscheinende Knollen, zumal da diese einen unangenehm kratzenden Geschmack haben, der auf die Bildung erheblicher Mengen von Solanin zurückzuführen ist. Wenn Kartoffeln, die schon infolge besonderer Witterungsverhältnisse wesentliche Solaninmengen enthalten, auf dem Transport oder während der Aufbewahrung im Haushalt längere Zeit der Einwirkung von hellem Tageslicht ausgesetzt werden, so kann ihr Solaningehalt, auch ohne daß sie außen grün werden, so erheblich zunehmen, daß der Genuß der im allgemeinen in Betracht kommenden Kartoffelmengen Gesundheitsstörungen (besonders Brennen im Halse, Übelsein und Erbrechen) zu verursachen vermag. Derartige Kartoffeln sind bei vorsichtigem Kosten ohne weiteres durch ihren unangenehmen, zusammenziehenden und kratzenden Geschmack zu erkennen. Bei empfindlichen Personen ruft der Genuß derartiger Kartoffeln oft stundenlanges Kratzen und Brennen im Halse hervor, während weniger empfindliche Menschen gesundheitlich keine Störungen wahrnehmen. Werden derartige Kartoffeln im geschälten Zustande in üblicher Weise in Salzwasser gekocht, so geht ein erheblicher Teil des Solanins in das nicht zum Genuß gelangende Kochwasser über, wodurch die gesundheitsschädigende Wirkung dieser Kartoffeln verringert wird. So erklärt es sich auch, daß solaninreiche Kartoffeln als Pellkartoffeln weit schlechter schmecken und weit schlechter vertragen werden, als wenn sie erst nach dem Schälen abgekocht werden.

Obwohl der Solaningehalt der Kartoffeln nur ausnahmsweise so stark zunimmt, daß er Gesundheitsstörungen zur Folge hat, empfiehlt es sich, im Haushalt die Kartoffelvorräte möglichst vor der Einwirkung des Tageslichtes zu schützen. Die an keimenden Kartoffeln entstehenden jungen kleinen Knollen sollen grundsätzlich nicht genossen werden, weil sie, ebenso wie die Keime, sehr viel Solanin enthalten.

100. Können Gemüse weitergehend als bisher verwertet werden? Wenn man sieht, wie vielfach Gemüse und Salate zubereitet werden, so empfindet man es vom Standpunkte der Volksernährung schmerzlich, daß so viele eßbare Teile unüberlegt verworfen werden. Man vergegenwärtige sich immer, daß die grünen Pflanzenteile insbesondere reich an lebenswichtigen Ergänzungsstoffen (Vitaminen; s. Nr. 9) sind, und daß daher von ihnen nichts umkommen sollte, was genossen werden kann. Es ist z. B. unverständlich, daß, wenn frische Kohlrabi auf dem Markt erscheinen, vielfach die Blätter in den Müllkasten wandern, statt daß sie mitgekocht werden, zumal man dadurch den physiologischen Wert der Nahrung, insbesondere für Kinder, erhöht. Ebenso lassen sich die jungen Hülsen (Schoten) der frischen Erbsen (evtl. nach dem Abziehen der inneren Haut), Bohnen und Saubohnen als Gemüse mit verwerten; auch die Blätter der Streifrüben brauchen bei der Herstellung von Stielmus (Rübstiel) in der Regel nicht verworfen zu werden. Wenn man sich immer wieder vergegenwärtigt, daß fast alle grünen Pflanzenteile für die Ernährung sehr wertvoll sind, weil sie durch ihren Vitamingehalt verschiedene Stoffwechselkrankheiten verhüten und das Wachstum der Kinder fördern, so wird man bald im Haushalte erkennen, wie man am besten Gemüse und Salate weitestgehend verwertet.

Lange Zeit ist die Bedeutung der Gemüse weit unterschätzt worden, da man sie vornehmlich nach ihrem Proteingehalt sowie nach der Menge der Kalorien, die sie liefern, bewertete. Aber sogar abgesehen von den Vitaminen kommt auch den pflanzlichen Extraktivstoffen ein „Sondernährwert" zu. Dasselbe gilt für Obst.

101. Wann kaufe ich am zweckmäßigsten Gemüse ein? Gemüse sind schon im Hinblick auf ihren hohen Gehalt an Vitaminen verschiedener Art für die Ernährung unentbehrlich (s. Nr. 100). Es hat aber keinen Zweck, sich, sofern man nicht mit Glücksgütern gesegnet ist, immer auf das erste junge Gemüse zu stürzen, wenn es auf dem Markt erscheint. Weit wichtiger ist es, sich in j e d e r Jahreszeit möglichst reichlich und preiswert Gemüse zu beschaffen. Zu dem Zweck wird man am vorteilhaftesten immer das Gemüse kaufen, das jeweils in großen Mengen auf den Markt gelangt. In den Wintermonaten ist besonders darauf zu achten, daß dem Körper nach Möglichkeit Gemüse zugeführt wird. An Stelle des kostspieligen Rosenkohls kommt dann insbesondere der G r ü n k o h l in Frage, zumal da er außerordentlich vitaminreich ist. Daneben spielen Weißkohl, Rotkohl, Möhren und Rüben verschiedenster Art, wie z. B. Steckrüben, Kohlrüben und Mairüben, eine Rolle. Trotz aller Vorurteile, die wir noch aus der Kriegszeit gegen die Kohlrübe haben, ist nicht zu verkennen, daß alle Wurzeln und Knollen beachtenswerte Vitaminmengen enthalten, und daß wir es daher wahrscheinlich der Kohlrübe zu verdanken haben, daß namentlich in der Kohlrübenzeit 1916 der Skorbut in Deutschland nicht in großem Umfange aufgetreten ist. Damals widerstand uns die Kohlrübe hauptsächlich deswegen, weil wir sie zu häufig, und zwar fortgesetzt an Stelle von Kartoffeln, essen mußten und nicht mit etwas fettem Fleisch zusammen kochen konnten.

102. Welche wildwachsenden Pflanzen eignen sich vornehmlich zur Herstellung von Gemüse und Salat? Während des Krieges sind zu dem Zweck von verschiedenen Seiten zahlreiche Pflanzen empfohlen worden, die sich jedoch nicht durchweg als brauchbar oder gar als unbedenklich erwiesen haben. Selbstverständlich kommt die Verwendung wildwachsender Pflanzen nur für solche Personen in Frage, die Gelegenheit und Zeit dazu haben, sie sich selbst einzusammeln. Von Herrn Oberlehrer M a n g o l d in Ulm,

einem sehr erfahrenen Fachmann, sind auf Grund eigener mehr-
jähriger Versuche folgende Pflanzen empfohlen worden: Humulus
lupulus (wilder Hopfen). Die jungen Sprossen und Triebe sind
sehr schmackhaft; auch das Wasser, in dem sie gekocht sind,
schmeckt gut. Brennesseln, Taubnesseln, Löwenzahn, die drei
Wegericharten, Disteln, soweit hierbei die Stacheln nicht stören,
besonders Cirsium oleraceum (Wiesenkratzdistel, auch Wiesen-
kohl genannt), sowie die Chenopodium- (Gänsefuß-) arten, besonders Chenopodium Bonus Henricus (Guter Heinrich), liefern
recht wohlschmeckende Gemüse. Veronica Beccabunga (Bach-
bunge), die Brunnenkresse, die Bitterkresse und Valerianella
olitoria (Feldsalat oder Rapünzchen) liefern gute Salate. Diese
Gemüse und Salate sind hinsichtlich ihres Vitamingehaltes
ebenso wie die übrigen Gemüse und Salate zu bewerten
(s. Nr. 100).

103. **Warum sollen Gemüse nicht so zubereitet werden, daß
man sie zunächst abkocht und dann das Kochwasser entfernt?**
Werden Gemüse mit Wasser abgekocht, so gehen wichtige
mineralische und stickstoffhaltige Stoffe sowie außerdem lebenswichtige Ergänzungsstoffe der Nahrung (Vitamine; s. Nr. 9)
in Lösung, die alsdann mit dem Kochwasser vergeudet werden.
Man soll daher Gemüse möglichst nur dämpfen, jedenfalls
aber nicht so zubereiten, daß Kochwasser für den Genuß verlorengeht.

104. **Hat das Einsäuern (Einsalzen) von Gemüse auch jetzt
noch, also obwohl es Dosengemüse gibt, eine Bedeutung?** Ein-
gesäuerte Gemüse aller Art sind weit billiger als Konserven in
Dosen, recht schmackhaft, leicht verdaulich (wegen der Milchsäure; s. Nr. 93) und vermutlich erheblich reicher an Vitaminen
als Dosenkonserven. Infolgedessen sollte dieses Einmachen von
Gemüse aus dem Haushalt nicht verschwinden, vielmehr namentlich dann wieder in größerem Umfange aufgenommen werden,
wenn bei reichlicher Gemüseernte Gemüse in Massen wohlfeil auf
den Markt kommt oder im eigenen Garten zur Verfügung steht
(vgl. a. Nr. 133). In neuerer Zeit ist allerdings ein Verfahren
zum Patent angemeldet worden, nach dem es gelingen soll, sehr
schmackhafte Gemüsekonserven in Blechdosen so herzustellen,
daß das Vorkochen und damit ein Verlust an wichtigen Nährstoffen
(vgl. Nr. 103) vermieden wird, und die Vitamine weitgehend ge-
schont werden.

105. **Darf man grüne Gemüse (Spinat, Erbsen, Bohnen usw.) beim Kochen oder Sterilisieren mit Kupfer oder Kupfersalzen grünen?** Für gewerbliche Betriebe ist dies gesetzlich verboten. Verwendet man im Haushalt beim Kochen Gefäße aus Kupfer oder Messing (Messing ist eine Legierung aus Kupfer und Zink), um Gemüse zu grünen, so bestehen dann keine Gefahren für die Gesundheit, wenn das Kochgeschirr blank gescheuert war und das Gemüse nach dem Kochen sofort herausgenommen, also nicht längere Zeit in dem Geschirr belassen wurde.

106. **Kann Trockengemüse frisches Gemüse vollwertig ersetzen?** Nein! Bisher ist es noch nicht gelungen, Trockengemüse so herzustellen, daß es im Genußwert dem frischen Gemüse gleichkommt. Im übrigen ist zu beachten, daß beim Trocknen des Gemüses unter dem Einfluß des Luftsauerstoffes Vitamine zugrunde gehen. Infolgedessen sollte, soweit es angängig ist, frisches Gemüse auch in der kälteren Jahreszeit (s. Nr. 101) Verwendung finden.

107. **Ist der Obstgenuß wichtig oder ganz entbehrlich?** Obst enthält neben gewissen kalorischen Nährstoffen und Salzen erfrischend wirkende Fruchtsäuren sowie verschiedene Vitamine. Hinsichtlich des Vitamingehaltes nehmen die Tomaten eine ganz besondere Stellung ein, aber auch die Zitronen, Apfelsinen, Weintrauben, Himbeeren, Erdbeeren, Kirschen, Äpfel, Birnen usw. sind u. a. schon wegen ihres Vitamingehaltes sehr beachtenswert. Insbesondere sollte daher den Kindern der Obstgenuß ermöglicht werden; er ist aber auch für Erwachsene von recht erheblicher physiologischer Bedeutung. Obst ist also nicht etwa nur ein Genußmittel, sondern auch ein nicht ohne weiteres zu entbehrender Bestandteil unserer Nahrung. Namentlich in der Jahreszeit, in der frisches Obst nicht preiswert zu haben ist, sollten häufiger Marmeladen als Brotaufstrich Verwendung finden.

108. **Wie ist die Banane als Lebensmittel zu bewerten?** Die Banane, die Frucht von Musa sapientum, findet in ihrer Heimat (in zahlreichen tropischen Gebieten) sowohl im reifen als auch im unreifen Zustande Verwendung. Vor der Reife hat das Bananenfruchtmark noch kein Aroma, auch ist es in dem Zustande noch nicht süß, jedoch sehr reich an Stärke (etwa 80% Bananenstärke, aber nur 3—4% Zucker) und daher im Geschmack mehlig. In diesem unreifen Zustande wird das Bananenfruchtmark vielfach getrocknet und auf Mehl verarbeitet. In

Deutschland hat das Bananenmehl als Nahrungsmittel bisher keine wesentliche Verbreitung gefunden, weil es nur für bestimmte Zwecke brauchbar und außerdem zu teuer ist. Beim Reifen der Bananen wird ihre Stärke durch bestimmte Enzyme (vgl. Nr. 13) gelöst und in Zucker umgewandelt, wobei sich zugleich ein angenehmes Aroma entwickelt (das reife Fruchtmark enthält mehr als 70% Zucker [etwa 40% Rohrzucker und 30% Invertzucker], jedoch nur noch wenige Prozente Stärke). Die zu uns gelangenden Bananen werden in ihrer Heimat noch grün (unreif) geerntet; sie reifen erst während des Transportes, der in dazu besonders eingerichteten Schiffen geschieht, sowie weiter beim deutschen Händler allmählich nach. Diese Nachreife ist daran zu erkennen, daß die grünen Fruchtschalen gelb werden. Leider bekommen aber die im unreifen Zustande zum Versande gelangenden Bananen nicht annähernd das Aroma der in ihrem Heimatlande an der Pflanze gereiften Früchte, auch bleibt ihr Geschmack oft mehr oder weniger mehlig, sofern man die Banane nicht bis zum Schwarzwerden der Schale aufbewahrt. Berücksichtigt man weiter den Preis der Bananen, so ergibt sich, daß sie in dem Zustande, in dem wir sie als Obst kaufen, als Lebensmittel anderem Obst, z. B. auch den Apfelsinen, nachstehen.

Die in den Verkehr gelangende sogenannte „Bananenschokolade" ist vielfach nicht eine Bananenfruchtmark enthaltende Schokolade, sondern ein Erzeugnis, das durch Zusatz eines künstlich gewonnenen Aromas (des Amylacetats, das auch im reifen Bananenmark in geringer Menge vorkommt) hergestellt wird.

109. Sind Mandeln entbehrlich? Ja! Das eigentliche Mandelaroma liefern bekanntlich nur die bitteren, nicht die süßen Mandeln, weiter verschiedene Obstkerne, insbesondere die Kerne von Pflaumen, Aprikosen und Pfirsichen. Dieses Aroma (der Aldehyd der Benzoesäure) kann künstlich, und zwar auf chemischem Wege (synthetisch) hergestellt werden (s. Nr. 1); infolgedessen sind wir insoweit nicht auf die Einfuhr der sehr teueren bitteren Mandeln angewiesen. Im übrigen können Mandeln als Nahrungs- und Genußmittel ohne weiteres durch einheimische Nüsse, auch durch das Fleisch der Kokosnuß ersetzt werden. Es ist überhaupt zu empfehlen, in der Zeit, in der die Haselnüsse reifen, die Kinder diese Nüsse sammeln zu lassen, zumal da sie nach verschiedenen Richtungen hin für die Ernährung beachtenswert sind.

110. Was wird aus der Kakaobohne hergestellt? (Kakao-masse, Kakaopulver, Schokolade usw.) Die einer besonderen Behandlung (Fermentation) unterworfenen Kakaobohnen bestehen aus einer rotbraunen Schale, der Kakaoschale, dem kleinen Keimling und dem Kern. Der Kern wird aus 2 großen rotbraunen bis schwarzvioletten Keimblättern gebildet. Durch Mahlen und Formen der gerösteten entkeimten und entschälten Kakaobohnen, also des Kakaokerns, erhält man die Kakao-masse mit einem Fettgehalt von etwa 50—55%. Durch teilweises Abpressen des Kakaofettes (der Kakaobutter) wird Kakaopulver, sog. entölter Kakao, gewonnen, dem würzende Stoffe zugesetzt werden. Der Gehalt des Kakaopulvers an Kakaofett schwankt etwa zwischen 13 und 33%. Je fettreicher das Kakaopulver ist, um so höher ist sein Nährwert (s. a. Nr. 11) und um so stärker sein Kakaoaroma. Daher soll Kakao, der weniger als 20% Fett aufweist, als stark entölter Kakao bezeichnet werden, während der bessere als schwach entölt in den Verkehr gelangt. Als Schokolade werden mehr oder weniger gewürzte, vielfach auch noch mit Kakaobutter versetzte Zubereitungen aus Kakaomasse und Zucker bezeichnet, deren Zuckergehalt nicht mehr als etwa 60% beträgt, und die unter Erwärmen durch Kneten, Formen usw. gewonnen werden. Gelegentlich werden auch geringe Zusätze von Nüssen und Mandeln gemacht. Daneben gibt es Milchschokolade, die unter Zusatz von Milchpulver (s. Nr. 35) hergestellt wird. Als Schokoladepulver bringen die Schokoladefabriken Erzeugnisse in den Verkehr, die ähnlich so wie Schokolade hergestellt werden und ebenfalls nicht wesentlich mehr als 60% Zucker enthalten. Kakaobutter, das Fett der Kakaobohnen, besteht zu fast 100% aus Fett und ist ein leicht verdauliches, recht bekömmliches und sehr schmackhaftes Nahrungsmittel. Unter der Bezeichnung Suppenpulver (mit Kakaogeschmack) gelangen vielfach Ersatzmittel für wirkliche Schokoladenpulver, also für gepulverte Schokolade, in den Verkehr, die lediglich Gemische aus wechselnden Mengen Kakaopulver, Zucker, Mehl oder Stärke sowie Gewürzen sind. Der Kauf derartiger Zubereitungen kann nicht empfohlen werden, da die Hausfrau weit zweckmäßiger Kakaopulver kauft und sich dieses selbst bei der Anfertigung von Getränken süßt sowie mit Mehl oder Stärke streckt, wenn sie billige Getränke oder z. B. nach Kakao schmeckende Mehlsuppen für Kinder herstellen will.

111. **Was sind Kaffeemischungen?** Unter Kaffeemischungen wurden ursprünglich und auch selbstverständlich Gemische von Kaffeebohnen verschiedener Art verstanden, die zu dem Zweck hergestellt wurden, um ständig bekannte, dem Geschmack der Verbraucher entsprechende Typen in den Verkehr bringen zu können. Später ist mißbräuchlich das Wort „Kaffeemischung" für Gemische aus Kaffee und Kaffee-Ersatzstoffen angewendet worden. Es ist durchaus unzweckmäßig, derartige Gemische, auch wenn ihr angeblicher Gehalt an Kaffeebohnen auf den Umhüllungen mitgeteilt wird, zu kaufen, da die Hausfrauen, die überhaupt noch in der Lage sind, wirklichen Kaffee zu kaufen, sich weit zweckmäßiger den Kaffee als solchen beschaffen und ihn alsdann in der Küche — je nach ihrer Wirtschaftslage — mit Kaffee-Ersatzstoffen (Malzkaffee, Kornkaffee usw.) strecken.

112. **Wozu lassen sich die Rückstände von Malz- und Kornkaffee noch verwerten?** Diese Rückstände sind reich an wichtigen, in Wasser unlöslichen Nährstoffen, die verlorengehen, wenn die Rückstände nicht Verwertung finden. Das Einsammeln im großen lohnt sich allerdings nicht. Dort, wo Kleintierhaltung gepflegt wird, sollten aber die Rückstände verfüttert werden, damit sie auf diese Weise mittelbar dazu beitragen, unseren Bedarf an Fleisch und Fett zu decken. Wenn die gesamte Bevölkerung dazu erzogen werden könnte, durchweg sparsam zu wirtschaften, so würde die Lösung des Ernährungsproblems wirksam gefördert werden können.

113. **Was ist Mate?** Mate ist nicht etwa eines jener vielen Tee-Ersatzmittel, die zwar ein genießbares Getränk liefern, aber eine anregende Wirkung nicht herbeizuführen vermögen, sondern ein Genußmittel eigener Art. Es handelt sich um die Blätter einer Ilex-(Stechpalmen-) art, den sog. Paraguaytee, der ebenso wie die Blätter des Teestrauches Tein enthält, das chemisch und in seiner Wirkung mit dem Koffein des Kaffees identisch ist. Mithin vermag Mate ähnlich so wie Tee und Kaffee zu wirken. Es ist nicht uninteressant, daß in dem Lande, in dem der größte Teil des Kaffees gewonnen wird, in Brasilien, das Mategetränk bevorzugt wird, das dort auch in kaltem Zustande zum Genuß gelangt. Da Mate sowohl im Einkauf billiger als Tee ist und außerdem bei der Einfuhr nicht dem hohen Tee-Goldzoll unterliegt, kann Mate mit Erfolg an Stelle von chinesischem Tee Verwendung

finden. Zu dem Zweck nimmt man auf 6 Tassen ungefähr 1 Eß-
löffel voll fein geschnittene Mateblätter, übergießt sie mit etwas
kaltem und überbrüht sie darauf mit kochendem Wasser. Nunmehr läßt man einige Minuten ziehen, bis sich die Blätter gesetzt
haben. Der klare Tee wird abgegossen und kann ohne oder auch
mit Zucker oder Süßstoff genossen werden. Beachtenswert ist,
daß die Mateblätter wiederholt (3—4 mal) zur Teebereitung benutzt werden können.

114. Kann an Gewürzen gespart werden? Ja! Wir würzen und
salzen unsere Speisen im allgemeinen viel zu stark. Schon deswegen kann an teuren ausländischen Gewürzen gespart werden.
Im übrigen haben wir wichtige inländische Gewürze und Kräuter,
mit denen sich ebenfalls schmackhafte Speisen herstellen lassen.
Man kann sich zudem derartige Pflanzenteile leicht selbst vorsichtig trocknen, um sie ständig zur Hand zu haben. Nach dieser
Richtung kommen z. B. Petersilie, Sellerie, Majoran, Thymian,
Estragon, Kümmel, Fenchel und Pfefferkraut in Betracht. Vanillin,
das im Inlande chemisch (synthetisch) hergestellt wird, kann
weitgehend Vanille ersetzen, da auf die übrigen aromatischen
Bestandteile der Vanilleschoten ebenso leicht wie z. B. auf französische Liköre und Parfüms verzichtet werden kann.

**115. Warum sollte man gemahlene Gewürze nicht in kleinen
Papierbeutelpackungen kaufen?** Im Laufe des Krieges und
auch noch in der Nachkriegszeit ist es üblich geworden, gemahlene
Gewürze fabrikmäßig in kleinen zugeklebten Papierbeutelchen in
den Verkehr zu bringen, deren Vertrieb für den Kleinhändler
sehr bequem ist, dem Verbraucher aber nur Nachteil bringt.
Denn während sich unzerkleinerte Gewürze bei sachgemäßer
Aufbewahrung auch in kleinen Packungen längere Zeit gut halten,
verderben gemahlene Gewürze in derartigen Packungen im allgemeinen sehr schnell. Dies kommt daher, weil der Würzwert
in der Regel von dem Gehalt der Drogen an sogenannten ätherischen
Ölen abhängt, die im unzerkleinerten Gewürz sich in bestimmten
Teilen des pflanzlichen Gewebes aufgespeichert befinden. Wird
dieses Gewebe beim Mahlen zertrümmert, so tritt das ätherische
Öl aus; es verflüchtigt sich alsdann zum Teil, jedenfalls kommt
es aber in feiner Verteilung mit dem Luftsauerstoff in Berührung,
der oxydierend wirkt. Mithin sind feingemahlene Gewürze nur
in größeren Mengen gut zusammengepreßt in Glas- oder Blech-
gefäßen längere Zeit haltbar. Lediglich sehr fettreiche Gewürze,

wie z. B. Muskatnuß und Muskatblüte (Macis), halten sich auch in kleineren Päckchen aus fettdichtem Papier längere Zeit im gemahlenen Zustande, weil das Fett die ätherischen Öle aufnimmt und nur sehr langsam verdunsten läßt. Allein der gemahlene Pfeffer hält sich in kleinen Mengen verhältnismäßig gut, weil in ihm als Würzstoff neben geringen Mengen eines ätherischen Öles ein Alkaloid (Piperin) vorhanden ist, das bei gewöhnlicher Temperatur nicht flüchtig ist, und das den bekannten Pfeffergeschmack verursacht, während der Geruch auf das ätherische Öl zurückzuführen ist. Beim Pfeffer wird aber in der Küche der Hauptwert auf den Geschmack gelegt. Auch Paprika enthält einen nichtflüchtigen würzenden Stoff (Capsicin), der den brennenden Geschmack hervorruft. Andererseits verschimmelt aber der gemahlene Paprika leicht, und er klumpt dann zusammen, wobei zugleich seine schöne Farbe verblaßt. Ungeeignet sind demnach jedenfalls folgende gemahlene Gewürze zum Vertrieb und zum Einkauf in kleinen fabrikmäßig hergestellten Papierpäckchen: Zimt, Kardamom, Nelken, Piment, Ingwer, Anis, Fenchel, Koriander, Majoran; schon wesentlich haltbarer sind gemahlene Muskatnuß, Muskatblüte (Macis) und Paprikaschoten; am haltbarsten ist gemahlener Pfeffer. Leider ist aber der gemahlene Pfeffer nicht selten verfälscht (durch Steinnußmehl usw.).

116. Was sind Suppenwürzen? Aus verschiedenen Proteinen lassen sich auf chemischem Wege Spaltungsprodukte (Gemische verschiedener Aminosäuren) herstellen, die mit Kochsalz, Auszügen aus Suppenkräutern, Gemüsen und anderem versetzt in den Verkehr gelangen und geeignet sind, verschiedenen Speisen, namentlich auch pflanzlichen Gerichten, Suppen und Soßen einen kräftigen Geschmack zu verleihen. Solche Würzen bewährter Firmen finden daher schon seit Jahrzehnten im Haushalt weitgehende Verwendung.

117. Was sind Suppen in trockener Form? Suppen in trockener Form sind Gemische aus geeigneten Rohstoffen und Kochsalz, auch Gewürzen, Gemüsen, Fetten, Suppenwürze u. a. m., die dazu dienen, lediglich durch Kochen mit Wasser genußfertige Suppen zu liefern. Sie enthalten demnach, wenn es sich um Erzeugnisse zuverlässiger Firmen handelt, die natürlichen Bestandteile hausgemachter Suppen ohne deren Wasser, das erst beim Kochen (nach der Gebrauchsanweisung) zugesetzt wird.

Derartige trockene Suppen gelangen in Würfel-, Tafel- und Wurstform in den Verkehr und sind nach Portionen eingeteilt. Die mit Hilfe solcher Würfel usw. hergestellten Suppen sollen den Charakter haben, nach dem sie benannt sind. Sie sollen vor allem wohlschmeckend sein, da hiervon ihre Bekömmlichkeit und Ausnutzbarkeit abhängt. Volkswirtschaftlich ist noch folgendes zu beachten: Mit den trockenen Suppen kann sich in der heutigen Zeit, die beruflich die höchste Arbeitsleistung verlangt, jeder in kurzer Zeit mit geringen Unkosten für Heizung eine Suppe herstellen. Die Industrie kann sich die geeignetsten Rohstoffe beschaffen; sie kann diese im großen für die in Rede stehenden Zwecke verarbeiten und daher fertige Suppen billiger liefern, als wenn die Hausfrau sich erst alle erforderlichen Bestandteile zu jeder Jahreszeit beschaffen muß. Den aus trockenen Suppen hergestellten Zubereitungen können auch Gemüse- und Kartoffelreste mit Wasser zur Verwertung dieser Reste zugesetzt werden.

118. Was ist Süßstoff? Als künstliche Süßstoffe kommen Saccharin und Dulcin in Betracht. Für den Haushalt eignet sich wegen seiner leichten Löslichkeit insbesondere das Saccharin. Der sog. Kristallsüßstoff, das reine Natriumsalz des Saccharins, hat etwa die 450fache Süßkraft des Zuckers und ist daher zum Süßen von Speisen besonders geeignet. Außerdem gelangen auch Süßstoffzubereitungen mit geringerer Süßkraft (namentlich zum Süßen von Kaffee und Tee im Haushalt) in Form von Tabletten in den Verkehr. Der Genuß von Saccharin ist gesundheitlich unbedenklich. Die künstlichen Süßstoffe sind zwar keine Nahrungsmittel, aber recht beachtenswerte Genußmittel, weil sie das Bedürfnis nach süßem Geschmack zu befriedigen vermögen. Da sie keinen Nährwert besitzen, sind sie gewissermaßen als würzende Stoffe anzusehen, die insbesondere zum Süßen von solchen Speisen und Getränken geeignet erscheinen, die Nährstoffe enthalten und infolgedessen bereits einen mehr oder weniger vollen Geschmack haben. Daher verwendet man Süßstoffe auch zweckmäßig zusammen mit Zucker, um Zucker zu sparen.

119. Was ist Kochsalz oder Speisesalz (Salz)? Als Salz — Kochsalz oder Speisesalz, also für die Küche bestimmtes Salz — gelangte früher fast ausschließlich ein Salz in den Verkehr, das aus Salzsolen durch Eindampfen gewonnen und daher auch als Siedesalz (in Süddeutschland Sudsalz) bezeichnet wurde. Andererseits gibt es aber auch Salzlager, in denen bergbaumäßig ein Salz gewonnen wird, das sog. Steinsalz, das dem Siedesalz hinsichtlich seines Gehaltes an Chlornatrium, also an chemisch reinem Kochsalz, nicht nachsteht. Derartiges Steinsalz kann ebenso wie Siedesalz im Haushalt Verwendung finden; allerdings ist es weniger voluminös, also kompakter, so daß man, wenn man das Steinsalz nicht abwiegt, sondern abmißt, von ihm etwas weniger als vom Siedesalz nehmen muß. Im allgemeinen ist Steinsalz nicht ganz so schnell löslich wie Kochsalz. Infolge der hohen Kohlenpreise kann einwandfreies Steinsalz wesentlich billiger als Siedesalz von entsprechender Reinheit in den Verkehr gebracht werden. Infolgedessen wird leider im Kleinhandel vielfach Steinsalz nicht als solches zu angemessenen Preisen, sondern zum Preise von Siedesalz, ja sogar als Siedesalz vertrieben. Speisen sollen übrigens aus gesundheitlichen Gründen nicht mehr als wirklich nötig, also nicht übermäßig gesalzen werden.

120. Was ist Essig, was Essigessenz? Essig, der bekanntlich sowohl zum Würzen als auch zum Konservieren von Lebensmitteln Verwendung findet, ist chemisch in der Hauptsache eine wässerige Lösung der Essigsäure. Diese verdünnte Essigsäure wird entweder durch **Essiggärung** aus **alkoholhaltigen** Flüssigkeiten (verdünntem Sprit, Traubenwein, Obstwein, Bier usw.) oder durch Vermischen von Essigessenz und Wasser gewonnen. Vielfach wird Essig mit gewissen Pflanzenteilen aromatisiert (z. B. Estragon-, Kräuter-, Himbeer- und Gewürzessig). Gewöhnlicher Speiseessig soll mindestens 3,5%, Einmacheessig mindestens 5%, Doppelessig mindestens 7% und Essigsprit sowie dreifacher Essig mindestens 10,5% Essigsäure enthalten. **Gärungsessig** muß durch Essiggärung gewonnen sein. **Weinessig** ist ein Gärungsessig, der von einer Maische herrührt, die mindestens zu 20% aus Traubenwein bestand. Weinessig soll mindestens 5% Essigsäure enthalten. **Essigessenz** wird aus reiner, auf chemischem Wege (s. Nr. 1) nach verschiedenen Verfahren gewonnener Essigsäure unter Zusatz von Aromastoffen erhalten; ihr Essigsäuregehalt beträgt etwa 80%. **Essigessenz ist unverdünnt lebensgefährlich;** sie darf daher an die Verbraucher nur in besonderen Flaschen mit Sicherheitsstopfen abgegeben werden, auch müssen diese Flaschen eine Gebrauchsanweisung tragen, nach der man sich im Haushalt aus der Essenz durch Verdünnen mit Wasser selbst Speiseessig herstellen kann. Überstreckt der unreelle Händler den Essig mit Wasser, so ist das Gemisch für

Konservierungszwecke nicht mehr geeignet; es können infolgedessen Lebensmittel unter Umständen verderben. So und auch aus wirtschaftlichen Gründen erklären sich die oben angegebenen Mindestprozentsätze an Essigsäure für die verschiedenen Essigsorten.

121. Brauchen wir ausländische Weine? Unbedingt nötig sind sie nicht! Entbehrlich sind sie jedenfalls als Genußmittel! Viele sind sogar recht minderwertig. Erwünscht, aber nicht schlechthin notwendig sind einige ausländische Weine bei der Behandlung von Kranken und Genesenden, wo sie schon seit geraumer Zeit Verwendung finden. Als brauchbare Ersatzmittel für ausländische Süd- und Süßweine kommen gute inländische Weine — nach Zusatz von Zucker — sowie im Inlande hergestellte süße Malzweine und süße Fruchtweine in Frage. Es soll allerdings nicht verkannt werden, daß z. B. der deutsche Rotwein nicht den Charakter von gutem französischen Rotwein hat und daher für gewisse diätetische Zwecke den französischen Rotwein nicht vollwertig zu ersetzen vermag, jedoch ist auch in solchen Fällen der französische Rotwein durchaus entbehrlich. Weiter kann vielfach an Stelle von französischem Rotwein guter deutscher Heidelbeerwein Verwendung finden, der bisher als diätetisches Genußmittel noch nicht genügend gewürdigt worden ist.

122. Welche alkoholfreien Getränke sind für Kinder die besten? Limonaden, die man sich selbst durch Vermischen von Fruchtsirupen (mit Zucker eingekochten Fruchtsäften) und Wasser herstellt. Denn ganz abgesehen von der nährenden und erfrischenden Wirkung des Zuckers, enthalten die Fruchtsäfte wichtige Vitamine (s. Nr. 107). Infolgedessen sollten sie namentlich in den Wintermonaten, in denen frisches Obst nicht zur Verfügung steht, Kindern in Form von Getränken sowie als Zusatz zu Süßspeisen verabfolgt werden. Insbesondere sollte man dort in den Sommermonaten Fruchtsirupe herstellen, wo frisches Obst aus dem eigenen Garten oder anderweitig preiswert zur Verfügung steht. Einen Erdbeersaft und Pfirsichsaft mit vollem Vitamingehalt und vollem Fruchtaroma kann man z. B. in folgender Weise herstellen: Man schneidet die Früchte in Scheiben, legt sie auf ein in einer Schüssel ausgebreitetes Tuch, gibt auf 1 Pfund Frucht 2 Pfund Zucker und fügt dann 2 g pulverisierte Weinsäure hinzu. Dann stellt man die Schüssel 3 Tage in einen kühlen Keller. Darauf hebt man das Tuch heraus und läßt den Saft abtropfen. Der abfließende Saft ist blank und ohne weiteres haltbar.

123. Was versteht man unter Verschnitten von Lebensmitteln?
Lediglich bei den sogenannten Edelbranntweinen, also beim Weinbrand (Kognak), Rum und Arrak, versteht man unter einem „Verschnitt" eine mit Spiritus (gereinigtem Kartoffelsprit) und Wasser stark gestreckte Ware, die jedenfalls in der Regel — auf ihren Alkoholgehalt berechnet — nicht mehr als 10% der unverschnittenen Branntweine der genannten Art enthält. Im übrigen versteht man aber im redlichen Lebensmittelverkehr unter Verschneiden die Herstellung von Gemischen echter Lebensmittel verschiedenen Charakters oder verschiedener Güte; es bezweckt gewöhnlich, stets einheitliche Typen in den Verkehr zu bringen. Zum Beispiel verschneidet der Weingroßhändler Weißweine und Rotweine verschiedenen Charakters und verschiedenen Ursprunges, um ständig weiße und rote Konsumweine einheitlichen Charakters in den Verkehr bringen zu können; weiter verschneidet der Honiggroßhändler Honige verschiedener Herkunft und verschiedener Art. Wirkliche Kaffeemischungen (s. Nr. 111) und Teemischungen sind ebenfalls Verschnitte. Vor dem Kriege wurde Butter verschiedener Güte verschnitten, um Ware in mittleren Preislagen in den Verkehr bringen zu können. Da in neuerer Zeit das Wort „Verschnitt" gelegentlich auch für verfälschte Lebensmittel (z. B. für verfälschten Honig) gebraucht wird, prüfe man sorgfältig, wenn einem das Wort „Verschnitt" auf Etiketten oder in sonstigen Drucksachen — abgesehen von den bereits erwähnten Branntweinverschnitten — auffällt.

124. Was sind diätetische Nährmittel? Im allgemeinen versteht man in der Ernährungslehre unter diätetischen Nährmitteln solche Erzeugnisse, die für den menschlichen Genuß bestimmt sind und wichtige Nährstoffe in konzentrierter, leicht verdaulicher und gut resorbierbarer Form enthalten; außerdem fallen hierunter auch solche Nährmittel, die für bestimmte Zwecke nach den Grundsätzen der Gesundheitslehre zusammengestellt sind, also auch solche Zubereitungen, die bei der Ernährung von Menschen ganz verschiedenen Alters bei gewissen Krankheitszuständen (z. B. bei Verdauungsstörungen der Säuglinge und Erwachsenen, nervösen Störungen, Tuberkulose, Diabetes oder Zuckerharnruhr und Bleichsucht) Verwendung finden. Nicht alles, was unter der Bezeichnung „diätetisches Nährmittel" in den Verkehr gelangt, verdient besondere Beachtung, da vielfach der Name mißbraucht wird. Man lasse sich daher sachverständig beraten, wenn man glaubt, für bestimmte Zwecke diätetische Nährmittel verwenden zu müssen. Häufig kommt man mit guten Nahrungsmitteln (z. B. frischen Eiern, zartem Fleisch, frischer Butter und frischer Milch) erheblich billiger ebenso weit. Besondere Vorsicht ist jedenfalls gegenüber manchen sogenannten Kraftnährmitteln geboten, die vielfach unter maßloser Übertreibung ihres wirklichen Nährwertes angepriesen werden. Besonders blüht der Schwindel im Verkehr mit sogenannter Nervennahrung, die häufig im wesentlichen nur ein Anregungsmittel ist. Man kann übrigens die Nerven nicht einseitig ernähren.

125. Welchen Anforderungen muß Trinkwasser und Gebrauchswasser genügen? Trinkwasser muß vor allem frei sein von solchen Kleinlebewesen, die im menschlichen Körper Krankheiten zu verursachen vermögen, weiter von allen Stoffen, die geeignet sind, die menschliche Gesundheit zu schädigen oder gar zu zerstören. Die Anlagen, denen das Trinkwasser entnommen wird (Brunnen sowie Quellen verschiedener Art usw.) müssen zudem eine Gewähr dafür bieten, daß das Wasser nicht nur vorübergehend, sondern ständig diesen Anforderungen genügt. Im übrigen soll Trinkwasser klar, möglichst farblos, gleichmäßig kühl sein, einen fremdartigen Geruch und Geschmack nicht wahrnehmen lassen, also appetitlich, d. h. so beschaffen sein, daß es auch auf die Dauer gern genossen wird. Je nach den geologischen Bodenformationen, denen das Wasser entstammt, kann es z. B. im Geschmack sowie auch im Aussehen recht verschieden sein, aber dennoch den zuvor genannten Anforderungen durchaus genügen. Das Wasser aus kommunalen Leitungen kann als einwandfrei gelten, weil es behördlich überwacht wird. Brunnen, besonders Kesselbrunnen, bedürfen jedoch einer fachmännischen Anlage und Überwachung. Es ist auch wichtig, daß Wasser in ausreichenden Mengen zur Verfügung steht, dem Verbraucher leicht zugänglich sowie billig ist. Allerdings braucht nicht alles im Haushalt Verwendung findende Wasser den an Trinkwasser zu stellenden Anforderungen zu genügen, jedoch soll auch das sog. Gebrauchswasser frei von Krankheitserregern und gesundheitsgefährlichen Stoffen sein. In der Küche eignet sich hartes Wasser weniger gut als weiches z. B. zur Zubereitung von Hülsenfrüchten, Kaffee und Tee sowie auch für die Wäsche (wegen höheren Seifenverbrauchs); weiter verursacht hartes Wasser starke Kesselsteinbildung im Kochgeschirr, jedoch ist es nicht immer möglich, weiches Wasser zu beschaffen, obwohl es dem harten im Haushalt vorzuziehen ist.

126. Welchen Vorteil bietet der Hausfrau die Kochkiste? Der Zweck der Kochkiste ist: größtmögliche Ausnutzung der Wärmequelle (des Heizstoffes); möglichst geringe Inanspruchnahme der Hausfrau beim Kochen; Vermeidung von Verlusten an Nährstoffen sowie einer Verschlechterung des Geschmackes und Aromas durch Anbrennen (Überhitzen) von Teilen der Speisen; Warmhalten der Speisen für längere Zeit, also möglichst sparsame Wirtschaft. Heute ist mehr denn je die Vergeudung von Heizstoffen zu vermeiden, weil sie den Etat der Familie auf das empfindlichste belastet. Früher pflegte hier und da die Frau auf dem Lande z. B. die gelben Erbsen und die weißen Bohnen anzukochen sowie dann den Topf in ein großes Federbett zu stellen, um darauf anderer Arbeit nachgehen und nach getaner Arbeit die Erbsen- und Bohnensuppe fertig (gargekocht) vorfinden zu können. Sie benutzte also das Federbett als Kochkiste. Die Kaffeekanne mit ihrem heißen Inhalt überzieht man, um das Getränk warmzuhalten, mit Hauben, die gut gefüttert sind. Bettfedern, Wolle, aber auch Papier und Sägespäne isolieren gut, d. h. sie verhindern die Ausstrahlung von Wärme, vermögen also als Schutzschicht zu dienen, während Metall die Wärme leicht weiterleitet und ausstrahlt. Kocht man Lebensmittel, so muß man bis zum Garkochen ständig weiter erhitzen, um den durch Strahlung stattfindenden Wärmeverlust ständig zu ersetzen. Verhindert man aber die Strahlung, so spart man entsprechend an Brennstoffen, zugleich auch an Zeit und Arbeit. Wer sich keine Kochkiste kaufen kann, richte sich selbst eine solche her; hat er sie, so lernt er spielend leicht ihre zweckmäßigste Ausnutzung für seinen Hausgebrauch. Im übrigen bieten die Gebrauchsanweisungen für Kochkisten viele Anregungen und Belehrungen. Anscheinend werden durch den Gebrauch der Kochkiste die Vitamine (vgl. Nr. 9) nicht oder nicht wesentlich mehr angegriffen, als beim Zubereiten der Speisen auf freiem Feuer. Ähnlich wie die Kochkisten wirken die Isolierflaschen (Thermosflaschen u. dgl.). Gekochte Kartoffeln kann man auch dadurch längere Zeit warm halten, daß man das Wasser abgießt, die Kartoffeln mit einem mehrfach zusammengelegten sauberen Tuch bedeckt (zur Aufnahme des nachträglich noch verdampfenden Wassers) und dann den Kochtopf mit einer wollenen Decke oder einer dickeren Schicht Zeitungspapier umhüllt.

127. Welche Bedeutung hat der Eisschrank für den Haushalt? Die Wirkung des Eisschrankes wird vielfach, namentlich von dem, der ihn nicht besitzt oder nicht näher kennt, überschätzt. Im Eisschrank verderben selbstverständlich manche Lebensmittel in der warmen und gar heißen Jahreszeit nicht so schnell wie in der Speisekammer, jedoch schließt er nicht etwa Zersetzungen schlechthin aus, weil in ihm die Temperatur kaum unter $+ 7°$ C sinkt, und daher die Entwicklung der Kleinlebewesen nicht völlig ausgeschaltet wird. Hinzu kommt, daß die Luft im Eisschrank nicht genügend ständig erneuert wird, daß infolgedessen dort feuchte Luft herrscht, und daher z. B. Fleisch an der Außenseite nicht trocknet. Vor allem hat aber vielfach in den Eisschränken die Luft einen widerlichen Geruch, den viele Lebensmittel leicht anziehen.

128. Empfiehlt sich die Verwendung chemischer Konservierungsmittel im Haushalte? Konservierungsmittel (Frischerhaltungsmittel) sind dazu bestimmt, Kleinlebewesen mindestens in ihrer Entwicklung zu hemmen, möglichst aber zu zerstören. Derartige Stoffe sind, jedenfalls bei fortgesetztem Genuß, auch für den höheren Organismus nicht indifferent. Sie sollten daher bei der Zubereitung von Lebensmitteln weitestgehend ausscheiden. Das einzige chemische Konservierungsmittel, das in geringen Mengen gesundheitlich harmlos ist, ist die B e n z o e s ä u r e , die auch in Form von b e n z o e s a u r e m N a t r i u m (etwa 1—1,5 g auf 1 kg) Verwendung findet, aus dem sie z. B. durch Fruchtsäuren abgespalten wird. Denn gegen dieses Konservierungsmittel vermag sich der gesunde menschliche Körper dadurch zu schützen, daß er es in eine harmlose Verbindung, die Hippursäure, umwandelt, die im Harn ausgeschieden wird. Eine Hausfrau, die ohne Reklamekochbücher zu arbeiten versteht, braucht, wenn sie genügende Zuckermengen zur Verfügung hat, jetzt überhaupt keine chemischen Konservierungsmittel mehr. Anders lagen die Verhältnisse in der Kriegszeit, als zur Einmachezeit nicht die erforderlichen Zuckermengen beschafft werden konnten, und daher Fruchtmus vielfach, wenn man nicht in der Lage war, es einzuwecken, zunächst durch Zusatz von Benzoesäure oder benzoesaurem Natrium haltbar gemacht wurde, um es später gelegentlich nachzusüßen. Bei den chemischen Konservierungsmitteln ist zudem zu beachten, daß niemand mit seinen Sinnen wahrzunehmen vermag, welche Mengen dieser Mittel verwendet wurden, ein Gesichtspunkt, der ebenfalls dagegen spricht, es der Lebensmittelindustrie schlechthin zu überlassen, Lebensmittel in den Verkehr zu bringen, die mit chemischen Konservierungsmitteln versetzt sind. Denn z. B. kann niemand mit übermäßig großen Mengen von Kochsalz, Essig und Zucker unbewußt seine Gesundheit schädigen, weil er derartige Stoffe ohne weiteres geschmacklich wahrnimmt und daher schon beim Essen merkt, ob ihm die Mengen zuträglich sein werden. Möchte man jedoch — ungeachtet der zuvor geäußerten Bedenken — Salizylsäure im Haushalt beim Einmachen von Obst verwenden, so setze man aus verschiedenen Gründen jedenfalls nicht der ganzen Fruchtmasse die Salizylsäure zu, sondern man löse das Pulver in etwas Alkohol oder Trinkbranntwein, tränke mit der Lösung Papierstreifen und bedecke mit diesen die eingemachten Marmeladen, Muse u. dgl. m.

129. Was versteht man unter Sterilisieren und Pasteurisieren? Steril heißt unfruchtbar. In der Bakteriologie versteht man unter Sterilisieren Verfahren, die bezwecken, Gegenstände, also auch Lebensmittel, unter Anwendung von Hitze keimfrei zu machen. Da sterilisierte Lebensmittel aber nicht nur vorübergehend keimfrei sein sollen, sondern bis zum Genuß, also möglichst lange Zeit keimfrei bleiben müssen, erfolgt die Vernichtung der Keime (Kleinlebewesen verschiedenster Art) in luftdicht verschlossenen Gefäßen. Denn sonst würden die Lebensmittel nachträglich wieder infolge des Zutritts von Luft durch Hefen, Bakterien usw. befallen werden. Als derartige Gefäße kommen z. B. innen verzinnte oder mit einem geeigneten Lack überzogene (vernierte) Dosen aus Eisenblech (z. B. bei Fleisch- und Gemüsekonserven sowie bei kondensierter Milch), Glasflaschen mit geeigneten luftdichten Verschlüssen (z. B. bei Milch) und zylinderförmige Glasgefäße mit Glasdeckeln, die mit einer Gummidichtung versehen sind (z. B. im Haushalt beim „Einwecken") in Betracht. Beim Erhitzen auf 100° C werden aber nicht alle Keime, nämlich nicht deren Dauerformen (Sporen) vernichtet. Infolgedessen wird gewöhnlich in Zwischenräumen von je einem Tage 2—3 mal auf 100° C erhitzt, damit die inzwischen ausgewachsenen Sporen, also die daraus entstandenen neuen Vegetationen, ebenfalls vernichtet werden. Diese sog. intermittierende oder fraktionierte Sterilisierung kommt namentlich bei sehr eiweißreichen Lebensmitteln (z. B. bei Fleischkonserven und Milch) in Frage, während bei manchen Obstdauerwaren schon ein einmaliges Erhitzen auf 85—100° C genügt. Allerdings können die widerstandsfähigen Sporen bei Fleisch, Milch und anderen eiweißreichen Lebensmitteln von vornherein dadurch vernichtet werden, daß man diese Lebensmittel in geeigneten Vorrichtungen nur einmal längere Zeit unter Druck auf Temperaturen von mindestens 105° C erhitzt, jedoch können hierbei die Lebensmittel in ihrer Zusammensetzung unter Umständen recht nachteilig beeinflußt werden. Schon wiederholtes Erhitzen schädigt z. B. die Vitamine. Da sterilisierte Milch des Handels nicht immer steril und dann unter Umständen gesundheitsgefährlich oder gar giftig ist, muß sie das Datum ihrer Herstellung tragen, damit die Verbraucher nicht alte Milch bekommen. Unter Pasteurisieren verstand man ursprünglich das von Pasteur angegebene Verfahren der Sterilisierung. In der Milchwirtschaft versteht man aber unter Pasteurisieren nicht die Herstellung keimfreier, sondern nur die Herstellung keimarmer Milch, in der also nur bestimmte Gruppen von Mikroorganismen (Kleinlebewesen) möglichst vernichtet, andere lediglich in ihrer Entwicklung gehemmt (durch das Erhitzen geschwächt) sind. Dies erreicht man dadurch, daß man in geeigneten Apparaten die Milch etwa $^1/_2$ Stunde auf 70° C oder kurze Zeit auf 85—90° C erhitzt. Im Haushalt genügt Aufkochen (s. Nr. 40). Pasteurisierte Milch wird naturgemäß wieder aufs neue von Keimen befallen. Hier bezweckt also die Pasteurisierung für die Praxis lediglich, die Verkehrsfähigkeit der frischen Milch zu verlängern, also die Gerinnung (infolge der Bildung von Milchsäure durch Milchsäurebakterien) später eintreten zu lassen, als sie normal vor sich geht. Homogenisierte Milch ist hingegen solche Milch, in der die Fettkügelchen mit Hilfe besonderer Maschinen gleichmäßig fein zerkleinert sind und daher nicht mehr leicht aufrahmen.

130. Was versteht man unter Gärung, Fäulnis und Verwesung? Bei der alkoholischen Gärung wird in zuckerhaltigen Lebensmitteln (z. B. in der Milch bei der Herstellung von Kumys, im Frucht- und Traubensaft bei der Herstellung von Obst- und Traubenweinen sowie gelegentlich in dünnflüssigem Honig) der Zucker durch Hefen verschiedener Art bzw. durch Enzyme (vgl. Nr. 13), die diese Hefen bilden, in Kohlensäure und Alkohol zerlegt. Der Alkohol wird demnächst unter Umständen durch Bakterien (Essigsäurebakterien) allmählich in Essigsäure um-

gewandelt (so entsteht z. B. der wirkliche Weinessig). Man spricht alsdann von Essigsäuregärung. Weiter gibt es eine Milchsäuregärung, bei der Kohlenhydrate durch Milchsäurebakterien in Milchsäure umgewandelt werden (z. B. im Sauerkraut, s. Nr. 93 und 104, und in der Milch, s. Nr. 33). Bei der Fäulnis handelt es sich um einen durch Kleinlebewesen verschiedener Art verursachten Spaltungs- oder Reduktionsprozeß. Die Fäulnis ist unabhängig vom Zutritt der Luft. Daher kann z. B. Fleisch in Konservendosen in Fäulnis übergehen, wenn es nicht steril ist. Die Endprodukte der Fäulnis sind u. a. Ammoniak und ähnliche Verbindungen. Verwesung tritt hingegen nur bei Gegenwart von Luft ein. Sie ist ein Oxydationsprozeß, durch den schließlich alle organischen Stoffe in nichtorganische wie Salpetersäure bzw. salpetersaure Salze (Nitrate) und Kohlensäure bzw. kohlensaure Salze (Karbonate) umgewandelt (mineralisiert) werden. Verhindert werden Gärung, Fäulnis und Verwesung durch das Konservieren, wozu auch z. B. das Eintrocknen (die Herstellung von Trockengemüse, s. Nr. 106, von Trockenmilch, s. Nr. 35, von Rauchfleisch, s. Nr. 53, usw.), das Sterilisieren und Pasteurisieren (s. Nr. 129) sowie die Behandlung mit chemischen Konservierungsmitteln (s. Nr. 128) gehört.

131. Worauf hat man bei Konservendosen zu achten? Gelegentlich ist bei Dosenkonserven der Boden und der Deckel aufgetrieben (bombiert, d. h. mehr oder weniger gewölbt statt flach). Man spricht dann im Verkehr von Bombage, die durch Gasbildung und den dadurch in den Dosen hervorgerufenen Gasdruck entsteht. In der Regel ist in solchen Fällen das Gas durch Fäulnis (s. Nr. 130) entstanden. Infolgedessen entströmen einer bombierten Konservendose, wenn man sie ansticht, widerlich riechende Fäulnisgase. Öffnet man dann die Dose, so nimmt man mehr oder weniger stark verdorbene Lebensmittel wahr. Diese sind unbedingt zu verwerfen, auch wenn die Fäulnis scheinbar noch nicht weit vorgeschritten ist. Es kommt aber gelegentlich auch vor, daß beim Anstechen der Dosen ein geruchloses, leicht brennbares Gas entströmt, und zwar Wasserstoff, der chemisch, also nicht durch die Tätigkeit von Kleinlebewesen, entstanden ist. Denn wenn die Innenseite der Dosen ungenügend galvanisch verzinnt oder ungenügend mit einem geeigneten Lack überzogen (verniert) ist, so können die in den Lebensmitteln vorkommenden organischen Säuren (z. B. Milchsäure und Frucht-

säuren) sowie auch saure phosphorsaure Salze das Eisenblech
unter Wasserstoffentwicklung angreifen, wobei gleichzeitig entsprechende Eisenverbindungen entstehen, die unter Umständen
den Geschmack der Konserven nachteilig zu beeinflussen vermögen, ohne giftig zu sein. Jedenfalls sind aber bombierte (auf-
getriebene) Dosen mit größter Vorsicht zu behandeln und grundsätzlich beim Einkauf zurückzuweisen. Den Inhalt
bombierter Dosen sollte man nur dann genießen, wenn einwandfrei durch einen erfahrenen Sachverständigen festgestellt worden
ist, daß keine Fäulnis vorliegt. Durch eine derartige Feststellung
entstehen jedoch dem Verbraucher im allgemeinen weit mehr
Kosten als die Ware wert ist. Weiter sollte man grundsätzlich
auch solche Konserven nicht genießen, die einen fremdartigen
Geschmack haben. Der Inhalt jeder geöffneten einwandfreien
Konservendose ist alsbald zu verbrauchen, weil er schnell von
Luftbakterien befallen wird und dann ebenso wie andere Speisen
in Zersetzung übergeht.

132. Worauf ist beim Küchengeschirr zu achten? Sobald im
Laufe des Krieges das Zinn knapp wurde, gelangte in großem
Umfange verzinktes Geschirr an Stelle von verzinntem in den
Verkehr. Die Folge davon war, daß häufig mehr oder weniger
Zink namentlich von sauren Speisen und Getränken (Marmeladen,
Obstkraut, Fruchtsäften, Milch usw.) gelöst wurde. Die Lebensmittel bekamen dadurch einen widerlichen metallischen Geschmack, auch verursachten sie Gesundheitsstörungen (Übelkeit,
Erbrechen usw.). Man hüte sich daher vor der Verwendung von
verzinktem Geschirr. Verwendet man kupfernes oder ver-
zinntes Geschirr oder Geschirr aus Messing, so muß dieses
blank (nicht durch Bildung einer Oxydschicht „angelaufen")
sein, auch muß es sofort nach dem Fertigkochen der Speisen
entleert werden; es dürfen also Speisen und Getränke in der-
artigem Geschirr weder heiß noch kalt aufbewahrt werden. —
Die Glasur von mangelhaft hergestelltem irdenem Geschirr
(Tongeschirr) enthält bisweilen lösliche Bleiverbindungen. Da
Blei schon in sehr geringen Mengen Gesundheitsschädigungen zu
verursachen vermag, sollte man irdenes Geschirr vor der ersten
Verwendung gut (etwa $\frac{1}{2}$ Stunde) mit Essig und dann mit Wasser
auskochen.

133. Welche Bedeutung hat das Einmachen von Lebensmitteln?
Stehen im Haushalt geeignete Gefäße zur Verfügung, oder können

diese preiswert beschafft sowie auch gut aufbewahrt werden, so sollte man dann, wenn gewisse Lebensmittel in Massen wohlfeil auf den Markt kommen oder im Garten reichlich vorhanden sind, recht viel einmachen, um auch in anderen Zeiten, namentlich in den Wintermonaten, die Möglichkeit zu haben, die Nahrung abwechslungsreich zu gestalten. Denn hiervon hängt das Wohlbefinden und somit auch die Gesundheit ab, da der Mensch jedenfalls auf die Dauer nicht einförmig ernährt werden kann (s. Nr. 1). Man wähle beim Einmachen von Fall zu Fall das Verfahren, das sich für den eigenen Haushalt am billigsten gestaltet, und das weiter das Einmachen möglichst großer Mengen gestattet. Namentlich das Einsäuern (Einsalzen) von Gemüsen (s. Nr. 104) und das Einmachen von Pflaumen- und anderem Obstmus, von Marmeladen u. dgl. sollte mehr als bisher gepflegt werden. Beim Einkochen der Marmeladen empfiehlt es sich, den Zucker zuletzt zuzusetzen, damit er durch die heiße Fruchtsäure nicht zu weitgehend in Invertzucker (s. Nr. 7) zerlegt wird, der bei weitem nicht so süß wie Rübenzucker ist.

134. Was ist Nährhefe? Hefe besitzt als pflanzlicher Organismus die Fähigkeit, aus niedrigmolekularen Stickstoffverbindungen, sogar aus nichtorganischen Verbindungen des Ammoniaks, biologisch hochmolekulare Proteine (s. Nr. 5) in ihrem Lebensprozeß zu bilden. Man kann daher Hefe in sehr verdünnten Zuckerlösungen unter Zusatz von mineralischen Stoffen, wie Ammoniumsulfat, Kaliumphosphat, Kalzium- und Magnesiumsalzen züchten, indem man ihr zugleich viel Luft (Sauerstoff) zuführt, damit sie den Zucker nicht zu Alkohol und Kohlensäure vergärt, sondern ausschließlich in ihrem Lebensprozeß (zum schnellen Wachstum) verbraucht. Derartig gezüchtete Hefe nennt man Mineralhefe. Weiter kann man die in den Brauereien anfallende Bierhefe entbittern (von den Bitterstoffen des Hopfens befreien) und dann ebenfalls als Lebensmittel (sogen. Brauereihefe, im Gegensatz zu Branntweinhefe, die man als Preßhefe z. B. zum Kuchenbacken benutzt) verwenden. Werden derartige Hefen sorgfältig getrocknet, so erhält man Trockenhefe oder Nährhefe, die zu etwa 53% aus Proteinen, zu etwa 3% aus Fett, zu etwa 25% aus Kohlenhydraten, zu etwa 10% aus mineralischen Stoffen und nur noch zu etwa 7% aus Wasser besteht. Da weiter Hefe als einzelliger, sich sehr schnell vermehrender Organismus sehr vitaminreich ist und von allen bekannten Lebensmitteln den höchsten Gehalt an antineuritischem Vitamin B aufweist, ist technisch sorgfältig hergestellte Trockenhefe nach verschiedenen Richtungen hin ein sehr beachtenswertes Nahrungsmittel, das namentlich in den Wintermonaten als Zusatz zu verschiedenen Speisen empfohlen werden kann, obwohl es nicht so vitaminreich wie frische Hefe ist.

135. Was ist Vegetarismus? Ist er wissenschaftlich begründet? Der Vegetarismus kam 1847 in England auf und hat sich seit 1869 auch in Deutschland verbreitet. Die Vegetarier machen u. a. geltend, daß der Mensch lediglich mit Pflanzenkost auszukommen vermöge, jedoch pflegen sie vielfach auch Milch, Butter, Eier und Käse, also auch Lebensmittel tierischen Ursprunges, zu verzehren. Von den Vertretern des Vegetarismus wird jedoch übersehen, daß der menschliche Körper nicht lediglich auf vegetabilische Nahrung eingerichtet ist. Denn es fehlt ihm der bei den Pflanzenfressern vorhandene längere Blinddarm und ein entsprechend langer Darmschlauch, auch weist das menschliche Gebiß auf gemischte Nahrung hin. Allerdings könnte der Mensch auch lediglich von vegetabilischer Kost leben, jedoch würde dann die Menge, die er an Nahrungsmitteln zu sich nehmen und deren Verdauung er bewältigen müßte, um seinen Körper im Gleichgewicht zu erhalten, so groß sein, daß der Verdauungstraktus diese Arbeit auf die Dauer ohne Gefährdung des ganzen Körpers nicht leisten könnte. Denn man muß hierbei bedenken, daß die Vegetabilien zum großen Teil sehr wasserreich sind, nur sehr wenig Fett und verhältnismäßig wenig Eiweiß enthalten. Selbst bei den eiweißreichen Hülsenfrüchten ist zu berücksichtigen, daß wir sie nicht in der wasserarmen trocknen Form, sondern nur als Brei oder Suppe zu genießen vermögen. Weiter wird das pflanzliche Eiweiß — im Gegensatz zum tierischen — schlecht ausgenutzt. Zum Beispiel gehen vom Eiweiß aus frischem Weizenbrot 21%, aus grobem Roggenbrot 36—40% und aus Bohnen 30% verloren, während das Eiweiß im Fleisch und im Fisch bis auf etwa 2,6% vom Menschen verwertet wird. Hiernach kann der Vegetarismus nicht empfohlen werden, vielmehr ist dem Menschen die gemischte Kost am zuträglichsten. Der Gehalt dieser Kost an Bestandteilen tierischen Ursprunges kann recht verschieden groß sein, zumal da sich, je nach dem Alter, dem Geschlecht, der Art und dem Umfange der Tätigkeit des Menschen, ein verschiedenes Bedürfnis nach Fleischnahrungsmitteln geltend macht.

136. Was ist bei der Ernährung des Säuglings und des Kleinkindes zu beachten? Der Direktor des Kaiserin Auguste-Viktoria-Hauses, der Reichsanstalt zur Bekämpfung der Säuglings- und Kleinkindersterblichkeit in Berlin-Charlottenburg, Herr Prof. Dr. L. Langstein, hat diese Frage wie folgt beantwortet: Der oberste Grundsatz lautet: Die für den Säugling zweckmäßigste, seinem Wachstum und seinem ungestörten Gedeihen am besten angepaßte Nahrung ist die Muttermilch. Die Brustnahrung ist immer frisch, besitzt stets die richtige Temperatur (Körpertemperatur), ist nie zersetzt, also immer hygienisch einwandfrei. Die Muttermilch verleiht dem Säugling einen gewissen Schutz vor Infektionen aller Art; die Zahl der Todesfälle unter den Brustkindern beträgt nur $^1/_5$ im Vergleich mit den künstlich ernährten Säuglingen. Die Ernährung an der Brust bedeutet außerdem für die Mutter, von ethischen und anderen Gefühlsmomenten abgesehen, einen wirtschaftlichen Vorteil, weil sie die billigste Ernährungsweise darstellt. Bei gutem Willen kann ein außerordentlich hoher Prozentsatz aller Mütter stillen.

Im allgemeinen soll ein gesundes Kind nicht öfter als 5—6 mal am Tage angelegt werden. Die 3—4stündigen Nahrungspausen zwischen den einzelnen Mahlzeiten sind notwendig, damit Magen und Darm Zeit haben, die zugeführte Nahrung zu verarbeiten. Die Menge der von der Brustdrüse produzierten Milch paßt sich dem Bedarf des Kindes an. Die Trinkzeit soll nicht länger als 15—20 Minuten betragen. Ob ein Kind genügende Milchmengen erhält, ist im allgemeinen daran zu erkennen, daß es einen zufriedenen Eindruck macht, nicht nach beendeter Mahlzeit schreit, sondern sofort wieder einschläft. Man pflegt aber gewöhnlich, namentlich in der ersten Zeit, das Kind einige Tage hintereinander vor und nach jeder Mahlzeit zu wägen und so die getrunkenen Milchmengen zu ermitteln. Ein gesunder Säugling trinkt in der 2. Woche etwa 400 g, in der 3.—4. Woche 450—600 g, im 2.—3. Monat etwa $^1/_5$—$^1/_6$, im 3.—6. Monat $^1/_6$—$^1/_7$ seines Körpergewichts täglich, doch schwanken die Zahlen naturgemäß in mehr oder minder weiten Grenzen. Die stetige Gewichtszunahme ist ein guter Maßstab dafür, daß der Säugling die seinem Wachstum entsprechenden Mengen erhält. Aber sie darf nicht der alleinige Maßstab sein; die Gesamtentwicklung ist entscheidend. Daher sollte keine Mutter zögern, ihr Kind, auch

wenn es ganz gesund ist, von Zeit zu Zeit einem Arzt vorzuzeigen oder sich über den Zustand ihres Kindes in einer
Fürsorgestelle beraten zu lassen.

Ist eine Mutter aus irgendwelchen Gründen, etwa aus wirtschaftlichen, daran gehindert, das Stillen ihres Kindes vollständig
durchzuführen, dann soll sie trotzdem das Kind nicht von der
Brust absetzen; denn am frühen Morgen und abends um 6
und um 10 Uhr kann sie wohl auf jeden Fall die Brust reichen.
Die fehlenden Brustmahlzeiten werden nach Anordnung des
Arztes durch eine Milchmischung ersetzt. Diese Zwiemilchernährung leistet zwar nicht das gleiche wie die Brusternährung,
aber sie ermöglicht es, daß wenigstens ein Teil der Muttermilch
dem Kinde zugute kommt; nur muß die Mutter mehrere Male
am Tage die überschüssige Milch aus der Brust abspritzen,
damit die Brustdrüse in Gang erhalten bleibt. Das Abstillen
kann im 8.—9. Monat erfolgen, aber nicht in der heißen Jahreszeit und nicht plötzlich. Man ersetzt allmählich eine Mahlzeit
durch eine „Flasche", und das Kind hat Zeit, sich an die künstliche Nahrung zu gewöhnen.

Die künstliche (unnatürliche) Ernährung erfordert seitens der Mütter eine viel größere Aufmerksamkeit und Umsicht als die Brusternährung. Sie ist und bleibt ein Wagnis,
namentlich dann, wenn es sich um ganz junge Säuglinge handelt,
und sie sollte nur unter ärztlicher Überwachung durchgeführt werden.

Für die Milchmischungen ist nur beste Milch zu verwenden.
Sie sollte von gesunden, namentlich von tuberkulosefreien,
unter tierärztlicher Kontrolle stehenden und zweckentsprechend
ernährten Kühen stammen; sie muß sauber gewonnen und vor
Zersetzung geschützt werden (s. Nr. 29).

Die zum Aufbewahren und Abkochen der Milch oder der Säuglingsnahrung bestimmten Gefäße und Flaschen verwende man
für keinen anderen Zweck. Als Gefäße eignen sich am
besten feuerfeste glasierte Tontöpfe (s. Nr. 132), als Flaschen
nur solche, die leicht zu säubern sind, und bei denen eine genaue
Abmessung der Nahrung nach Gramm oder Kubikzentimeter
möglich ist. Sofort nach der Milchbelieferung wird die ganze
Milchmenge abgekocht, indem man sie in einem geräumigen Topf
zum Sieden erhitzt und etwa 4 Minuten im Wallen beläßt. Gleichzeitig wird auch die vorgeschriebene Zusatzflüssigkeit vorschrifts-

mäßig hergestellt. Nach dem Abkochen kühlt man Milch und
Zusatzflüssigkeit durch Hineinstellen der Gefäße in kaltes, häufig
erneutes Wasser gut ab und verwahrt sie in einem gut wirkenden
Eisschrank oder in einer Kochkiste. Die Zubereitung der trink-
fertigen Portion erfolgt vor jeder Mahlzeit durch Mischen in der
Flasche. Hat man 5—6 Flaschen (die 6. als Reserveflasche) zur
Verfügung, dann ist es viel zweckmäßiger, die Milchmischung
für den ganzen Tag auf einmal zuzubereiten. Man füllt alle
Flaschen mit der ungekochten Nahrung, schließt dicht mit
Stöpseln ab und stellt sie in ein Gefäß, das mit Wasser soweit
gefüllt ist, daß der mit der Nahrung nichtgefüllte Teil der Flasche
aus dem Wasser herausragt. Dann bringt man das Wasser zum
Kochen und erhält es 3—4 Minuten im Sieden. Hierauf stellt
man das Gefäß mit den Flaschen unter die Wasserleitung und
läßt langsam und in dünnem Strahl Wasser vom Rande aus
hineinfließen. Sobald sich das Wasser etwas abgekühlt hat,
verstärkt man den Zufluß des kalten Wassers; man kann so in
ausgezeichneter Weise die Nahrungsmischung bis zum Verbrauch
kühl und frisch erhalten. Länger jedoch als 24 Stunden ist die
Milch nicht frisch zu halten; man sorge also, daß in dieser Zeit
die Nahrung verbraucht wird. Was davon übrig bleibt, kann für
andere Küchenzwecke verwendet werden. Vor jeder Mahlzeit
wird der Flaschenverschluß abgenommen, ein mit einer glühenden
Nadel durchlochter G u m m i s a u g e r aufgesetzt und die Flasche
in 40° C warmes Wasser hineingestellt. Nach etwa 10 Minuten
ist die nötige Temperatur erreicht, die man zur Sicherheit auch
nachprüfen kann, indem man die gut durchgeschüttelte Flasche
an das Augenlid hält. Das P r o b i e r e n a u s d e m S a u g e r sei
s t r e n g s t e n s v e r p ö n t. Gereicht wird die Flasche dem Kinde
in H a l b s e i t e n l a g e. W ä h r e n d d e r g a n z e n T r i n k z e i t w i r d
d i e F l a s c h e g e h a l t e n. Bezüglich der Trinkzeit und der Nahrungspausen sei auf das oben Gesagte verwiesen. Sofort n a c h
G e b r a u c h werden Flaschen, Stöpsel, Gummisauger und die
Milchgefäße mit heißem Wasser g r ü n d l i c h a u s g e s p ü l t, die
Flaschen eine Weile umgekehrt hingestellt, damit das Spül-
wasser abfließen kann, und dann zugestöpselt. Bis zur Wieder-
benutzung wird alles sauber zugedeckt stehen gelassen.

Mit z w e i e r l e i M i l c h m i s c h u n g e n kommt man beim gesunden Kinde während der Säuglingszeit aus, und zwar mit der
H a l b m i l c h, d. i. eine Verdünnung von einem Teil Milch und

einem Teil Wasser, und mit der Zweidrittelmilch, d. i. eine Verdünnung von zwei Teilen Milch und einem Teil Wasser. Von der 4. Woche an kann man die Verdünnung statt mit Wasser mit einer dünnen Schleimabkochung vornehmen. Zum Ausgleich des durch die Verdünnung gesunkenen Nährwertes wird Zucker zugesetzt, und zwar in einer Menge von 5% auf das Tagesquantum. Auf 500 g Mischung kommen also 25 g Zucker. Vom 3.—4. Monat ab wird statt der Schleimabkochung eine 5 proz. Mehlsuppe als Zusatzflüssigkeit verwendet. Die Schleimabkochung wird am besten aus Haferflocken (s. Nr. 87) hergestellt, indem man 10 g mit einem Liter Wasser 20 Minuten kocht, das Ganze durch ein feines Sieb gißt, und die durch das Kochen verdunstete Menge Wasser ersetzt. Auf gleiche Weise wird die Mehlsuppe zubereitet, nur daß man vor dem Kochen das Mehl in wenig kaltem Wasser verquirlt und dann mit dem Rest des Wassers 10 Minuten aufkocht.

In den ersten 14 Tagen gibt man ganz langsam steigende Mengen Halbmilch (bis zu $5 \times 100-120$ g täglich) und steigt dann allmählich bis $5 \times 160-180$ g. Vom 3. Monat ab gehe man auf $^2/_3$ Milch über und gebe höchstens $900-1000$ g täglich. Etwa vom 8. Monat an kann man statt der Verdünnungen Vollmilch geben. Man merke sich folgende allgemeine Regel: Vom 2. bis 8. Monat bekomme das Kind $^1/_{10}$ seines Körpergewichts an Milch und $^1/_{100}$ seines Körpergewichts an Zucker und Mehl.

Im Alter von 5—6 Monaten wird außerdem noch Beikost verabreicht. Sie ist notwendig, einmal, weil sich das Kind an festere Nahrung gewöhnen soll, zum zweiten, weil in diesem Alter Zufuhr von Stoffen erforderlich ist, die in der Milch allein nur in ganz geringen Mengen vorhanden sind, also z. B. Eisen (s. Nr. 8) und die Vitamine (s. Nr. 9). Die Beikost besteht aus Gemüse, Spinat, Mohrrüben, Kohlrabi, Kartoffeln, Grieß, Reis, Zwieback, Fleischbrühe sowie Obstsäften und wird in Form von fein durchgerührten Breien gegeben. Für den Anfang eignet sich sehr gut Brühgrieß, den man so zubereitet, daß man in einer Tasse Fleischbrühe etwa 3—5 g Weizengrieß aufkocht. Dann geht man zu konsistenteren Breien über, z. B. zum Grießbrei, hergestellt aus Milch, Grieß, Zucker und einer Prise Salz (auf 100 g Milch 10 g Grieß und 5 g Zucker), die man zu einem Brei verkocht. Bei Gemüsen ist das Kochwasser nicht wegzugießen (s. Nr. 103), sondern zu dem durchs Sieb gestrichenen Gemüse wieder zuzu-

geben. Hat sich das Kind an die Beikost, die zuerst in ganz kleinen
Mengen gereicht wird, gewöhnt, dann ersetzt man nach und nach
die Mittags- und die Abendflasche durch einen Milchbrei. Mit dem
Erscheinen der ersten Zähne ist auch der Zeitpunkt gekommen,
in dem man dem Kinde Zwieback, Keks oder Brot in die Hand
geben kann. Am Ende des ersten Lebensjahres sei die Kost
etwa wie folgt zusammengesetzt: Morgens 200 g Milch und 1 oder
2 Zwiebäcke, vormittags 100—150 g Milchzwiebackbrei, ab und
zu unter Zusatz von Fruchtsaft, mittags 200—250 g einer Mischung aus Gemüse, Kartoffelbrei, Grieß oder Reisbrei, nach-
mittags 100 g Milch und 1 Zwieback und abends 200 g Milch-
grießbrei.

Die Nahrung des kleinen Kindes besteht im wesentlichen
noch immer aus Milch und Breien, nur schränkt man nach Möglichkeit die Zahl der Mahlzeiten auf 4 ein, indem man die
Vesper- und Abendmahlzeit vereinigt; zugleich geht man mit der
Milchmenge etwas zurück. Man läßt vormittags die Milch weg
und gibt an ihrer Stelle etwas Gebäck und frisches Obst. Allmählich vollzieht sich der Übergang auf die Vollkost. Im
zweiten Lebensjahre soll die Milchmenge höchstens ein halbes
Liter betragen; das Gemüse braucht dann nicht mehr so fein
durchgerührt zu sein. Zu Mittag gibt man 1—2 Teelöffel fein-
gewiegtes Fleisch, abends Butterbrot mit Schinken oder
Teewurst belegt. Eier sind in Form von Mehlspeisen viel
zuträglicher als in dem gewöhnlichen, gekochten Zustande. Die
Zeit der Mahlzeiten sei regelmäßig eingehalten; Zwischen-
mahlzeiten seien verboten. Überhaupt vermeide man eine
Überfütterung. Fette Kinder, so gern sie von ihren Müttern
gesehen werden, sind bei weitem kein Ideal. Sie sind sehr anfällig
gegen Infektionskrankheiten und im ganzen wenig wider-
standsfähig.

Die hier gegebenen Anweisungen stellen nur ganz allgemein
gehaltene Richtlinien dar. Jedes Kind verhält sich nach seiner
Erbanlage und je nach der Umgebung, in der es aufwächst,
bei der Nahrungszufuhr anders. Die Pflege spielt insbesondere
eine außergewöhnlich wichtige Rolle, und ihr Einfluß auf Ernährung und Wachstum ist für die ganze Entwicklung mitent-
scheidend. Es sei daher nochmals betont, daß Säugling und
Kleinkind unter ständige ärztliche Aufsicht gehören.

Sachverzeichnis.

Die Zahlen geben die Seiten an.

Die Ernährung des Menschen. Nahrungsbedarf. Erfordernisse der Nahrung. Nahrungsmittel. Kostberechnung. Von Professor Dr. **Otto Kestner**, Direktor des Physiologischen Instituts an der Universität Hamburg, und Dr. **H. W. Knipping**, Assistent des Physiologischen Instituts an der Universität Hamburg. In Gemeinschaft mit dem Reichsgesundheitsamt Berlin. Mit zahlreichen Nahrungsmitteltabellen und 6 Abbildungen. (IV u. 136 S.) 1924. 4.80 Goldmark / 1.15 Dollar

Die deutsche Lebensmittel-Gesetzgebung, ihre Entstehung, Entwicklung und künftige Aufgabe. Vortrag, gehalten am 22. August 1921 auf der Hauptversammlung und Reichsausstellung des Reichsverbandes deutscher Kolonialwaren- und Lebensmittelhändler in Frankfurt a. M. von Geh. Reg.-Rat Professor Dr. **A. Juckenack**, Ministerialrat und Direktor der Staatlichen Nahrungsmittel-Untersuchungsanstalt in Berlin. (28 S.) 1921. 0.60 Goldmark / 0.15 Dollar

Die im Kriege 1914—1918 verwendeten und zur Verwendung empfohlenen Brote, Brotersatz- und Brotstreckmittel unter Zugrundelegung eigener experimenteller Untersuchungen. Zugleich eine Darstellung der Brotuntersuchung und der modernen Brotfrage. Von Professor Dr. med. et phil. **R. O. Neumann**, Geheimer Medizinalrat, Direktor des Hygienischen Instituts der Universität Bonn. Mit 5 Textfiguren. (VII u. 304 S.) 1920. 10.50 Goldmark / 2.55 Dollar

Kochlehrbuch und praktisches Kochbuch für Ärzte, Hygieniker, Hausfrauen, Kochschulen. Von Professor Dr. **Chr. Jürgensen** in Kopenhagen. Mit 31 Figuren auf Tafeln. (XXXVI u. 465 S.) 1910. 8 Goldmark; gebunden 9 Goldmark / 1.95 Dollar; gebunden 2.15 Dollar

Diätetische Küche für Klinik, Sanatorium und Haus zusammengestellt mit besonderer Berücksichtigung der Magen-, Darm- und Stoffwechselkranken. Von Dr. **A.** und Dr. **H. Fischer**, Sanatorium „Untere Waid" bei St. Gallen in der Schweiz. (V u. 258 S.) 1913. Gebunden 6.30 Goldmark / Gebunden 1.50 Dollar

Verordnungsbuch und diätetischer Leitfaden für Zuckerkranke. Mit 149 Kochvorschriften. Zum Gebrauch für Ärzte und Patienten. Von Professor Dr. **Carl von Noorden** und Professor Dr. **S. Isaac** in Frankfurt a. M. (VIII u. 112 S.) 1923. 2.50 Goldmark / 0.60 Dollar

Die rationelle Haushaltführung. Betriebswissenschaftliche Studien. Autorisierte Übersetzung von „The New Housekeeping, Efficiency Studies in Home Management" by Christine Frederick. Von **Irene Witte**. Mit einem Geleitwort von Adele Schreiber. Zweite, vermehrte und durchgesehene Auflage. Mit 6 Tafeln. (XIV u. 126 S.) 1922. Gebunden 3 Goldmark / Gebunden 0.75 Dollar

Lexikon der Ernährungskunde

Herausgegeben von

Dr. C. Pirquet   **Dr. E. Mayerhofer**

Professor an der Universität in Wien   Professor an der Universität in Agram

1. Lieferung (Aal—Butter). 144 Seiten Lexikon 8°. 1924

Preis Kronen 36000.—, Goldmark 2.10, Dollar 0.50

Umfang des Gesamtwerkes etwa 64 Bogen. Erscheint in etwa

7 Lieferungen. 2. Lieferung erscheint Ende Sommer 1924

. . . Die Ernährungskunde bedarf der Kenntnis vieler Hilfswissenschaften: der Chemie, Botanik, Zoologie, Volkswirtschaft, Ethnographie usw., aber auch vieler praktischer Erfahrungen aus dem Gebiete der Gärtnerei, Tierzucht, Jagd, Einkaufslehre und Speisezubereitung. Diese Vielheit zu einer Einheit zu schweißen, das in zahlreichen Fachwerken verschiedensten Inhalts Niedergelegte für den vorliegenden vorwiegend praktischen Zweck zusammenzufassen, war die Aufgabe, die sich die Autoren unter Mitarbeit mehrerer Fachleute gestellt hatten, und die sie, soweit sich nach dem bisher erschienenen 1. Heft urteilen läßt, vortrefflich gelöst haben. . . . Wenn die Fortsetzung dem Anfang entspricht, dürfte damit ein Werk zu Tage gefördert sein, das für die Verwissenschaftlichung der Ernährungskunde grundlegende Bedeutung haben wird.

Zentralblatt für die gesamte Kinderheilkunde, Band XVI, Heft 1.

Die Ernährung gesunder und kranker Kinder auf Grundlage des Pirquetschen Ernährungssystems. (Abhandlungen aus dem Gesamtgebiet der Medizin, unter ständiger Mitwirkung der Mitglieder des Lehrkörpers der Wiener medizinischen Fakultät, herausgegeben von Professor Dr. Josef Kyrle und Dr. Theodor Hryntschak), von Privatdozent Dr. Edmund Nobel, Assistent der Universitäts-Kinderklinik in Wien. Mit 11 Abbildungen. 74 Seiten 8°. 1923.

Preis Kronen 25000.—, Goldmark 1.50, Dollar 0.35

Grundzüge des Pirquetschen Ernährungssystems. Von Privatdozent Dr. Edmund Nobel, Assistent der Universitäts-Kinderklinik in Wien. Zweite Auflage. 12 Seiten 8°. 1921.

Preis Kronen 3000.—, Goldmark 0.20, Dollar 0.05

Pelidisi-Tafel. Von Professor Dr Clemens Pirquet. 4 Blatt zusammenhängend zweifarbig. 1921.

Preis Kronen 6000.—, Goldmark 0.40, Dollar 0.10